高等职业教育系列教材

电 工 测 试 技 术

（含实训任务单）

主　编　张红丽　　马艳丽

参　编　马小莉　　杨春暖　　李明峰

主　审　章玉政

机 械 工 业 出 版 社

本书作为供用电技术专业"校企双元合作"的教材，根据教育部颁布的"供用电技术专业教学标准"中"电工测试技术"课程教学要求进行编写。本书采用理实一体化编写模式，分为理论知识和实训任务单两部分。

理论知识部分主要介绍电力检修及电力运维测量中常用的各种测量仪器设备，如：电流表、电压表、互感器、功率表、功率因数表、万用表、钳形电流表、频率表、绝缘电阻表、接地电阻测量仪、直流电桥、示波器等的工作原理及测量使用方法。实训任务单部分主要包括用电压表测量相电压/线电压与误差表示、用电压互感器配合电压表测量市电电压、用电流互感器配合电流表测量单相负载电流、用功率表和功率因数表测量三相负载功率及功率因数、用万用表测量三相负载电流/电压参数及常见电子元器件参数、用钳形电流表测量三相负载电流/电压参数及频率、用绝缘电阻表测量电动机绝缘参数、用接地电阻测量仪测量高压输电杆接地电阻、用直流电桥测量电动机绕组及电线电阻、用双踪示波器测量交流信号参数。

本书可作为高职高专供用电技术专业、电气自动化技术专业、机电一体化技术等相关专业的教学用书，还可作为高、低压电工及企业电力检修及运维人员的培训教材。

本书配有微课视频，扫描二维码即可观看。本书还配有电子课件，需要的教师可登录机械工业出版社教育服务网（www.cmpedu.com）免费注册，审核通过后下载，或联系编辑获取（微信：13261377872，电话：010-88379739）。

图书在版编目（CIP）数据

电工测试技术：含实训任务单／张红丽，马艳丽主编 . —北京：机械工业出版社，2022.7（2023.1 重印）

高等职业教育系列教材

ISBN 978-7-111-71097-4

Ⅰ.①电⋯ Ⅱ.①张⋯ ②马⋯ Ⅲ.①电气测量-高等职业教育-教材 Ⅳ.①TM93

中国版本图书馆 CIP 数据核字（2022）第 113472 号

机械工业出版社（北京市百万庄大街22号 邮政编码100037）
策划编辑：和庆娣 　　　　责任编辑：和庆娣
责任校对：梁 静 王 延
责任印制：刘 媛
涿州市般润文化传播有限公司印刷
2023 年 1 月第 1 版第 2 次印刷
184mm×260mm · 10.75 印张 · 240 千字
标准书号：ISBN 978-7-111-71097-4
定价：59.00 元

电话服务　　　　　　　网络服务
客服电话：010-88361066　机　工　官　网：www.cmpbook.com
　　　　　010-88379833　机　工　官　博：weibo.com/cmp1952
　　　　　010-68326294　金　书　网：www.golden-book.com
封底无防伪标均为盗版　机工教育服务网：www.cmpedu.com

PREFACE 前 言

"电工测试技术"为供用电技术专业核心课程，本课程介绍了电力行业最新的电力参数测量技术。为了满足本专业对技术技能人才的培养要求，实现"教、学、做一体化"，郑州电力职业技术学院组织了由骨干教师和行业专家组成的编写团队，进行了教材及配套教学资源的开发。本教材具有以下特点：

1) 工作任务驱动。本书实践部分采用工作任务单式编写模式，实训内容和考核标准依据国家高、低压电工操作证职业技能鉴定实操考核部分的考试要求，以现场真实的工作任务为教学载体，以完成某项工作任务为目标，符合"1 + X"职业技能等级证书要求的课证融通式评价体系。通过实训工作任务引导学生自主学习，掌握相关的知识与技能，同时培养学生良好的职业操作规范，以及爱岗敬业、团结协作等综合素质和能力。

2) 教学资源配套丰富。本教材为新形态立体化活页式创新教材，除纸质教材外，还嵌入了微课视频、习题讲解视频、实训视频、实训任务单等资源，将教材、课堂、教学资源有机融合，实现纸质教材和数字资源的完美结合，体现"互联网 +"新形态教材理念，方便教师线上与线下混合式教学。教材配套课程于 2021 年被评为河南省职业教育精品在线开放课程。

3) 教学内容与时俱进。本书主要以目前国内应用广泛、技术先进的典型电力参数测量技术为学习对象。

4) 校企合作开发。本书得到了河南红宇企业集团有限责任公司的大力支持，他们为本书提供了项目的数据资源，一些企业电气工程师也参加了编写工作。

5) 编者具有丰富的教学和应用经验。本书由具有多年电工测量教学经验的教师与具有多年相关行业工作经验的电气工程师联合编写。

本书包括 10 个一体化学习项目和 10 个实训任务单，每个项目分若干任务。项目 1 为电压表的使用与误差表示；项目 2 为电压互感器配合电压表的使用；项目 3 为电流互感器配合电流表的使用；项目 4 为功率表和功率因数表的使用；项目 5 为万用表的使用；项目 6 为钳形电流表及频率表的使用；项目 7 为绝缘电阻表的使用；项目 8 为接地电阻测量仪的使用；项目 9 为直流电桥的使用；项目 10 为示波器的使用。实训任务单包括用电压表测量相电压/线电压与误差表示、用电压互感器配合电压表测量市电电压、用电流互感器配合电流表测量单相负载电流、用功率表和功率因数表测量三相负载功率及功率因数、用万用表测量三相负载电流/电压参数及常见电子元器件参数、用钳形电流表测量三相负载电流/电压参数及频率、用绝缘电阻表测量电动机绝缘参数、用接地电阻测量仪测量高压输电杆接地电阻、用直流电桥测量电动机绕组及电线电阻、用双踪示波器测量交流信号参数。

本书为郑州电力职业技术学院"双高"建设成果，由郑州电力职业技术学院和河南红宇企业集团有限责任公司共同开发编写，郑州电力职业技术学院张红丽、马艳丽担任主编，郑州电力职业技术学院章玉政担任主审。郑州电力职业技术学院马小莉、杨春暖及河南红宇企业集团有限责任公司李明峰担任参编。具体编写分工如下：项目1和项目2由张红丽编写；项目3和项目4由马小莉编写；项目5和项目6由杨春暖编写；项目7由李明峰编写；项目8～项目10及实训任务单由马艳丽编写。

本书在编写过程中，得到了河南红宇企业集团有限责任公司许多技术人员的帮助，在此表示由衷感谢。同时在编写过程中还参阅了大量专业书籍以及期刊、杂志上的专题文章，在此对作者们表示衷心的感谢。

由于编者水平有限，书中不足之处在所难免，欢迎读者批评指正。

编　者

二维码资源清单

序号	名称	图形	页码	序号	名称	图形	页码
1	项目1 电压表的使用与误差表示		1	10	思考与练习5		54
2	思考与练习1		10	11	项目6 钳形电流表及频率表的使用		55
3	项目2 电压互感器配合电压表的使用		13	12	思考与练习6		65
4	思考与练习2		21	13	项目7 绝缘电阻表的使用		67
5	项目3 电流互感器配合电流表的使用		23	14	思考与练习7		76
6	思考与练习3		32	15	项目8 接地电阻测量仪的使用		77
7	项目4 功率表和功率因数表的使用		35	16	思考与练习8		84
8	思考与练习4		44	17	项目9 直流电桥的使用		87
9	项目5 万用表的使用		45	18	思考与练习9		99

V

（续）

序号	名称	图形	页码	序号	名称	图形	页码
19	项目10 示波器的使用		101	26	实训5 万用表实训操作		任务单20
20	思考与练习10		110	27	实训6-1 钳形电流表实训操作		任务单24
21	实训1 电压表实训操作		任务单4	28	实训6-2 频率表实训操作		任务单24
22	实训2 电压互感器实训操作		任务单7	29	实训7 绝缘电阻表实训操作		任务单28
23	实训3 电流互感器实训操作		任务单11	30	实训8 接地电阻测量仪实训操作		任务单31
24	实训4-1 功率表实训操作		任务单16	31	实训9 直流电桥实训操作		任务单36
25	实训4-2 功率因数表实训操作		任务单16	32	实训10 示波器实训操作		任务单41

CONTENTS

目　录

01

项目1

电压表的使用与误差表示

▶学习导入：

在测量过程中，由于受到测量方法、测量设备、试验条件及观测经验等多方面因素的影响，测量结果不可能是被测量的真实数值，而只能是它的近似值；即任何测量的结果与被测量的真实值之间总是存在着差别，这种差别称测量误差。本项目通过介绍电压表的测量、使用及数据处理来讲解误差在测量中的计算及应用。

项目1 电压表的使用与误差表示

任务 1.1　了解电工测量的基本常识

知识目标

1）了解电工测量定义及常见测量方法。
2）了解电工指示仪表的基本原理及组成。
3）了解电工指示仪表的分类、标志和型号。

素养目标

1）培养学生探究学习的能力。
2）培养学生电工操作的职业素养。
3）培养学生严谨的工匠精神。

知识课堂

1.1.1　电工测量概述

电工测量就是借助测量设备，把未知的电量或磁量与作为测量单位的同类标准电量或标准磁量进行比较，从而确定这个未知电量或磁量（包括数值和单位）的过程。一个完整的测量过程，通常包含如下几个方面。

1. 测量对象

电工测量的对象主要是：反映电和磁特征的物理量，如电流（I）、电压（V）、电功率（P）、电能（W）以及磁感应强度（B）等；反映电路特征的物理量，如电阻（R）、电容（C）、电感（L）等；反映电和磁变化规律的非电量，如频率（f）、相位（φ）、功率因数（$\cos\varphi$）等。

2. 测量方式和测量方法

根据测量的目的和被测量的性质，可选择不同的测量方式和测量方法（详见本节 1.1.2）。

3. 测量设备

对被测量与标准量进行比较的测量设备，包括测量仪器和作为测量单位参与测量的度量器。进行电量或磁量测量所需的仪器仪表，统称电工仪表。电工仪表是根据被测电量或磁量的性质，按照一定原理构成的。电工测量中使用的标准电量或磁量是电量或磁量测量单位的复制体，称为电学度量器。电学度量器是电气测量设备的重要组成部分，它不仅作为标准量参与测量过程，而且是维持电磁学单位统一、保证量值准确传递的器具。电工测量中常用的电学度量器有标准电池、标准电阻、标准电容和标准电感等。

除以上 3 个主要方面外，测量过程中还必须建立测量设备所必需的工作条件；慎重地进行操作，认真记录测量数据；并考虑测量条件的实际情况进行数据处理，以确定测量结果和测量误差。

1.1.2　测量方式和测量方法的分类

1. 测量方式的分类

测量方式主要有如下两种。

1）直接测量。在测量过程中，能够直接将被测量与同类标准量进行比较，或能够直接用已有刻度的测量仪器对被测量进行测量，从而直接获得被测量数值的测量方式称为直接测量。例如，用电压表测量电压、用电度表测量电能以及用直流电桥测量电阻等都是直接测量。直接测量方式广泛应用于工程测量中。

2）间接测量。当被测量由于某种原因不能直接测量时，可以通过直接测量与被测量有一定函数关系的物理量，然后按函数关系计算出被测量的数值，这种间接获得测量结果的方式称为间接测量。例如，用伏安法测量电阻，是利用电压表和电流表分别测量出电阻两端的电压和通过该电阻的电流，然后根据欧姆定律 $R = U/I$ 计算出被测电阻 R 的大小。间接测量方式广泛应用于科研、实验室及工程测量中。

2. 测量方法的分类

在测量过程中，作为测量单位的度量器可以直接参与也可以间接参与。根据度量器参与测量过程的方式，可以把测量方法分为直读法、间接测量法和比较法。

1）直读法。用直接指示被测量大小的指示仪表进行测量，能够直接从仪表刻度盘上读取被测量数值的测量方法，称为直读法。直读法测量时，度量器不直接参与测量过程，而是间接地参与测量过程。例如，用欧姆表测量电阻时，从指针在刻度尺上指示的刻度可以直接读出被测电阻的数值。因为欧姆表刻度尺的刻度事先用标准电阻进行了校验，标准电阻已将它的量值和单位传递给欧姆表，间接地参与了测量过程。直读法测量过程简单，操作容易，读数迅速，但其测量的准确度不高。

2）间接测量法。间接测量法就是在被测量不能直接测量时，先直接测量与被测量有一定关系的物理量，再计算出被测量的数值。用电流表测量电流是直接测量法，用电桥测量电阻是间接测量法。如用伏安法测量电阻，先测量电阻两端的电压及电阻中的电流，然后再根据欧姆定律算出被测的电阻值。

3）比较法。将被测量与度量器在比较仪器中直接比较，从而获得被测量数值的方法称为比较法。例如，用天平测量物体质量时，作为质量度量器的砝码始终都直接参与了测量过程。在电工测量中，比较法具有很高的测量准确度，可以达到 ±0.001%，但测量时操作比较麻烦，相应的测量设备也比较昂贵。

根据被测量与度量器进行比较所呈现的不同特点，可将比较法分为零值法、差值法和替代法 3 种。

① 零值法又称平衡法，它是利用被测量对仪器的作用，将其与标准量对仪器的作用相互抵消，由指零仪表做出判断的方法。即当指零仪表指示为零时，表示两者的作用相等，仪器达到平衡状态；此时按一定的关系可计算出被测量的数值。显然，零值法测量的准确度主要取决于度量器的准确度和指零仪表的灵敏度。

② 差值法是通过测量被测量与标准量的差值，或正比于该差值的量，根据标准量来

确定被测量数值的方法。差值法可以达到较高的测量准确度。

③ 替代法是分别把被测量和标准量接入同一测量仪器，在标准量替代被测量时，调节标准量，使仪器的工作状态在替代前后保持一致，然后根据标准量来确定被测量的数值。用替代法测量时，由于替代前后仪器的工作状态是一样的，因此仪器本身性能和外界因素对替代前后的影响几乎是相同的，有效地克服了外界因素对测量结果的影响。替代法测量的准确度主要取决于度量器的准确度和仪器的灵敏度。

1.1.3　电工指示仪表的基本原理及组成

电工指示仪表的基本原理是把被测电量或非电量变换成指示仪表活动部分的偏转角位移量。因此它也称为机电系仪表，即用仪表指针的机械运动来反映被测量的大小。

电工指示仪表通常由测量电路和测量机构两部分组成。测量机构是实现电量转换为指针偏转角，并使两者保持一定关系的机构。它是电工指示仪表的核心部分。测量电路将被测电量或非电量转换为测量机构能直接测量的电量，测量电路的构成必须根据测量机构能够直接测量的电量与被测量的关系来确定，它一般由电阻、电容、电感或其他电子元器件构成。

1.1.4　电工指示仪表的分类、标志和型号

1. 电工指示仪表的分类

电工指示仪表可以根据工作原理、测量对象、工作电流性质、使用方式、使用条件和准确度进行分类。

1）按测量机构的工作原理分类，可以分为磁电系、电磁系、电动系、感应系、静电系、整流系等。

2）按测量对象分类，可以分为电流表（安培表、毫安表、微安表）、电压表（伏特表、毫伏表、微伏表以及千伏表）、功率表（又称瓦特表）、电度表、欧姆表、相位表等。

3）根据仪表工作电流的性质分类，可以分为直流仪表、交流仪表和交直流两用仪表。

4）按仪表的使用方式分类，可以分为安装式仪表和可携式仪表等。

5）按仪表的使用条件分类，可以分为 A、B 和 C 三组。A 组适用于环境温度 0 ~ 40℃，B 组适用于环境温度 −20 ~ 50℃，C 组适用于环境温度 −40 ~ 60℃。这三组适用的相对湿度条件都为 85% 范围内。

6）按仪表的准确度分类，可以分为 0.1、0.2、0.5、1.0、1.5、2.5 和 5.0 共 7 个等级。

2. 电工指示仪表的标志

电工指示仪表的表盘上有许多表示其技术特性的标志符号。根据国家标准的规定，每一个仪表必须有表示测量对象的单位、准确度等级、工作电流的种类、相数、测量机构的类别、使用条件级别、工作位置、绝缘强度试验电压的大小、仪表型号和各种电量参数标志符号，可参见表 1-1。

表1-1　常见电工量的名称及符号和电工仪表的标志符号

常见电工量的名称及符号

名称	符号	名称	符号	名称	符号	名称	符号
千安	kA	吉欧	GΩ	千瓦	kW	毫韦伯/米²	mWb/m²
安培	A	绝缘电阻	MΩ	瓦特	W	微法	μF
毫安	mA	千欧	kΩ	兆乏	Mvar	皮法	pF
微安	μA	欧姆	Ω	千乏	kvar	亨	H
千伏	kV	毫欧	mΩ	乏尔	var	毫亨	mH
毫伏	mV	微欧	μΩ	兆赫	MHz	微亨	μH
微伏	μV	库仑	C	千赫	kHz	摄氏度	℃
兆瓦	MW	毫韦伯	mWb	赫兹	Hz		

常见电工仪表的标志符号

分类	符号	名称	分类	符号	名称
电流种类	⏤	直流	端钮	+	正端钮
	∼	交流		−	负端钮
	≅	交直流		*	公共端钮
	≋	三相交流	工作位置	⊥	标尺位置垂直
测量对象	A	电流		⊓	标尺位置水平
	V	电压		∠60°	标尺位置与水平面成60°
	W	有功功率	外界条件		I 级防外磁场（例如磁电系）
	var	无功功率			I 级防外电场（例如静电系）
	Hz	频率		Ⅱ　Ⅱ	Ⅱ级防外磁场及电场
工作类型		磁电系仪表		Ⅲ　Ⅲ	Ⅲ级防外磁场及电场
		电磁系仪表		Ⅳ　Ⅳ	Ⅳ级防外磁场及电场
		电动系仪表		A	A组仪表
	×	磁电系比率表		B	B组仪表
		铁磁电动系仪表		C	C组仪表
		整流系仪表	绝缘强度	☆0	不进行绝缘强度试验
准确度等级	1.5	以表尺量限的百分数表示		☆2	绝缘强度试验电压为2kV
	①.5	以指示值的百分数表示			

3. 电工指示仪表的型号

按仪表使用方式分类，两种仪表型号的组成如下。

1）安装式仪表型号的组成。如图1-1所示。形状第一位代号按仪表面板形状最大尺寸特征编制；形状第二位代号一般按仪表的外壳形状尺寸编制；系列代号按测量机构的工作原理编制，如磁电系代号为"C"，电磁系代号为"T"，电动系代号为"D"等；设计序号表示仪表出现的先后顺序，为该系列的第几代产品；用途号表示仪表用来测量哪些物理量，如用途号为"A"表示该仪表用于测量电流。

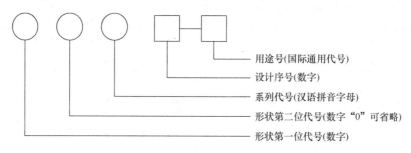

用途号(国际通用代号)
设计序号(数字)
系列代号(汉语拼音字母)
形状第二位代号(数字"0"可省略)
形状第一位代号(数字)

图1-1　安装式仪表型号的组成

2）可携式仪表型号的组成。由于可携式仪表不存在安装问题，所以将安装式仪表型号中的形状代号省略，即是它的产品型号。

任务1.2　认知电压表

知识目标

1）认知电压表的分类。
2）掌握电压表的选择和使用方法。

素养目标

1）培养学生探究学习的能力。
2）培养学生电工操作的职业素养。
3）培养学生严谨的工匠精神。

知识课堂

1.2.1　电压表的分类

电压表（Voltmeter）又称"伏特表"，是用来测量交、直流电路中电压的仪表。在电路图中，电压表的符号为"Ⓥ"。直流电压表的符号要在V下加一个"－"，交流电压表的符号要在V下加一个波浪线"～"。电压值以"伏"或"V"为标准单位。

1）根据被测电量的种类不同可分为直流电压表和交流电压表两大类。

① 直流电压表。

直流电压表用来测量直流电压，主要是采用磁电系仪表和静电系仪表的测量机构。磁电系电压表由小量程的磁电系电流表与串联电阻器（又称分压器）组成，最低量程为十几毫伏。为了扩大电压表量程，可以增大分压器的电阻值。静电系电压表的最低量程为几十伏，扩大量程是靠改变仪表内部结构和极间距离来达到的。

② 交流电压表。

交流电压表用来测量交流电压，主要是采用整流式仪表、电磁系仪表、电动系仪表和静电系仪表的测量机构。除静电系电压表外，其他系电压表都是用小量程电流表与分压器串联而成。

2）根据电压显示的方式不同可分为指针式电压表和数字式电压表两大类。

① 指针式电压表。

把被测电压通过仪表的测量机构最终转化为指针的偏转角度，通过指针所在刻度盘的位置，读出电压的大小。

② 数字式电压表。

数字式电压表是用模/数转换器将测量电压值转换成数字形式并以数字形式表示的仪表，适合环境温度0～50℃、湿度85%以下使用，在因磁场或高频仪器、高压火花、闪电等原因引起电压异常时，在外部需要使用电源滤波器或非线性电阻等干扰吸收电路。

1.2.2　电压表的使用

1. 合理选择电压表

1）根据被测量准确度要求，合理选择电压表的准确度。电压表的准确度分为7个等级：0.1、0.2、0.5、1.0、1.5、2.5、5.0。一般来讲，0.1和0.2级的电压表适合用于标准表及精密测量中；0.5、1.0和1.5级电压表适合用于实验室中的测量；1.0、1.5、2.5和5.0级电压表适合用于工矿企业中，作为电气设备运行监测和电气设备检修使用。

2）根据被测电压大小选择相应量限的电压表。量限过大会造成测量准确度下降，量限过小会造成电压表损坏。为充分利用仪表的准确度，应当按尽量使仪表指针偏转角度为表盘的3/4以上的原则选择仪表的量程。

3）合理选择电压表内阻。电压表具有内阻，内阻越大，测量的结果越接近实际值。为了提高测量的准确度，应尽量采用内阻较大的电压表。

2. 测量前的检查

测量前，应检查电压表指针是否对准"0"刻度线。平时指针应指在零点位置上，如果没对准，可调整电表上的零位校正螺钉——调零器，使指针恢复到零点的位置。

3. 电压表的使用。

电压表的使用方法如下。

1）一定要将电压表与被测对象并联。

2）测量直流电压时，电压表接线端的正"＋"、负"－"极性不可接错，否则可能损坏仪表；电压表的正极接高电位端，负极接低电位端；测量交流电压时，不需区分极性。

3）应根据被测电压大小选择合适的量程。对于有两个量程的电压表，它具有3个接线端，使用时要看清接线端量程标记，将公共接线端和一个量程接线端并联接在被测电路中。对于多量程电压表，在不知道被测电压多大的情况下，可以从最大的电压量程开始逐渐减小量程进行试测。

4）实际使用中，在测量数值较大的交流电压时，常借助于电压互感器来扩大交流电流表的量程。电压互感器二次额定电压一般设计为100V，与其配套使用的交流电压表量程也应为100V。电压表指示值乘以电压互感器的电压比，为所测实际电压的数值；具体使用会在项目2中详细介绍。

4. 电压表的正确读取

读取时，应让指针稳定后再进行读数，并尽量保持视线与刻度盘垂直。如果刻度盘有反射镜，应使指针和指针在镜中的投影重合，以减小读数误差。在计算被测电压值时，需要先计算出每一小格代表的电压数值（每一小格的电压数值也叫作分格常数，等于电压量程除以刻度上的总格数），再乘以指针偏转的格数，就是被测的电压值。

综上，在做实验探究的时候，一定要保持严谨的操作态度，要选择合适的电压表量程，同时注意使用时的操作要规范。

任务 1.3   了解测量误差计算原理

知识目标

1）认知测量误差的分类。
2）认知测量误差的消除方法。
3）认知测量误差的表示方法。

素养目标

1）培养学生探究学习的能力。
2）培养学生电工操作的职业素养。
3）培养学生严谨的工匠精神。

知识课堂

1.3.1   测量误差的分类

根据产生测量误差的原因，可以将其分为系统误差、偶然误差和疏失误差3大类。

1. 系统误差

能够保持恒定不变或按照一定规律变化的测量误差，称为系统误差。系统误差主要是由于测量设备、测量方法的不完善和测量条件的不稳定而引起的。由于系统误差表示了测量结果偏离其真实值的程度，即反映了测量结果的准确度，所以在误差理论中，经常用准确度来表示系统误差的大小。系统误差越小，测量结果的准确度就越高。

2. 偶然误差

偶然误差又称随机误差，是一种大小和符号都不确定的误差，即在同一条件下对同一被测量重复测量时，各次测量结果服从某种统计分布；这种误差的处理依据是概率统计方法。产生偶然误差的原因有很多，如温度、磁场、电源频率等的偶然变化等都可能引起这种误差；另一方面，观测者本身感官分辨能力的限制，也是偶然误差的一个来源。偶然误差反映了测量的精密度，偶然误差越小，精密度就越高，反之则精密度越低。

系统误差和偶然误差是两类性质完全不同的误差。系统误差反映在一定条件下误差出现的必然性；而偶然误差则反映在一定条件下误差出现的可能性。

3. 疏失误差

疏失误差是测量过程中操作、读数、记录和计算等方面的错误所引起的误差。显然，凡是含有疏失误差的测量结果都是应该摈弃的。

1.3.2　测量误差的消除

测量误差是不可能绝对消除的，但要尽可能减小误差对测量结果的影响，使其减小到允许的范围内。

消除测量误差，应根据误差的来源和性质，采取相应的措施和方法。必须指出，一个测量结果中既存在系统误差，又存在偶然误差，要截然区分两者是不容易的。所以应根据测量的要求和两者对测量结果的影响程度，选择消除方法。一般情况下，在对精密度要求不高的工程测量中，主要考虑对系统误差的消除；而在科研、计量等对测量准确度和精密度要求较高的测量中，必须同时考虑消除上述两种误差。

1. 系统误差的消除方法

系统误差的消除方法如下。

1）对测量仪表进行校正。在准确度要求较高的测量结果中，引入校正值进行修正。

2）消除产生误差的根源。即正确选择测量方法和测量仪器，尽量使测量仪表在规定的使用条件下工作，消除各种外界因素造成的影响。

3）采用特殊的测量方法。如正负误差补偿法、替代法等。例如，用电流表测量电流时，考虑到外磁场对读数的影响，可以把电流表转动180°，进行两次测量。在两次测量中，必然出现一次读数偏大，而另一次读数偏小，取两次读数的平均值作为测量结果，其正负误差抵消，可以有效地消除外磁场对测量的影响。

2. 偶然误差的消除方法

消除偶然误差时可采用在同一条件下，对被测量进行足够多次的重复测量，取其平均值作为测量结果的方法。根据统计学原理可知，在足够多次的重复测量中，正误差和负误差出现的可能性几乎相同，因此偶然误差的平均值几乎为零。所以，在测量仪器仪表选定以后，测量次数是保证测量精密度的前提。

3. 疏失误差的消除方法

一般称包含疏失误差的测量结果为坏值，是不可信的，应及时剔除，并重新测量，直到测量结果完全符合要求为止。为了保证测量质量和速度，测试人员应加强业务知识的学习，努力提高技术水平，养成细心和耐心的良好习惯，只有这样，才能从根本上杜绝疏失误差的产生。

1.3.3 测量误差的表示

测量误差通常用绝对误差和相对误差表示。

1. 绝对误差 Δ

测量结果的数值与被测量的真实值的差值称为绝对误差。由于被测量的真实值往往是很难确定的，所以实际测量中，通常用标准表的指示值或多次测量的平均值作为被测量的真实值。

$$\Delta = A_x - A_0 \tag{1-1}$$

式中，A_x 为测量仪表的指示值；A_0 为被测量的真实值。

2. 相对误差 γ

测量的绝对误差与被测量真实值之比，称为相对误差。实际测量中通常用标准表的指示值或多次重复测量的平均值作为被测量的真实值，即

$$\gamma = \frac{\Delta}{A_0} \tag{1-2}$$

或用百分误差表示为

$$\gamma = \frac{\Delta}{A_0} \times 100\% \tag{1-3}$$

百分误差也称为相对误差。显然，相对误差越小，测量结果的准确度越高。

思考与练习1

思考与练习1

一、判断题

1. 常用的电工测量方法主要有直接测量法和间接测量法两种。 （ ）
2. 电压表在使用时要与被测电路并联。 （ ）
3. 在使用电压表，选择仪表内阻时，要求电压表内阻尽量大。 （ ）
4. 因仪表的标度尺刻度不准确造成的误差叫基本误差。 （ ）

二、选择题

1. 在测量不同大小的被测量时，可以用（ ）来表示测量结果的准确度。

A. 绝对误差　　　　　　　　　　B. 相对误差

C. 附加误差　　　　　　　　　　D. 基本误差

2. （　　）情况下，仪表的准确度等于测量结果的准确度。

A. 当被测量正好大于仪表量程的

B. 当被测量正好小于仪表量程的

C. 当被测量正好等于仪表量程的

D. 当被测量与仪表量程无关的

3. 由电源突变引起的误差叫（　　）。

A. 系统误差 　　　　　　　　　　B. 偶然误差

C. 疏失误差 　　　　　　　　　　D. 绝对误差

4. 选择仪表的准确度时，要求（　　）。

A. 越高越好 　　　　　　　　　　B. 越低越好

C. 无所谓 　　　　　　　　　　　D. 根据测量的需要选择

三、简答题

1. 比较测量法包括哪几种？

2. 简述电工指示仪表的基本原理。

3. 简述系统误差的消除方法。

02

项目2

电压互感器配合电压表的使用

▶学习导入:

　　在电工测量中，为满足仪表量程的需要，已普遍采用互感器将高电压、大电流变换成低电压、小电流供给测量仪表使用的方法。采用互感器后，可以将测量仪表和操作人员与高电压、大电流隔开，而且与被测回路绝缘，没有电的联系，从而保证了操作人员和仪表的安全。对仪表制造厂家来说，也不必再考虑高压绝缘，从而降低了仪表成本。本项目就电压互感器的结构、工作原理、测量使用方法等内容进行阐述。

项目2　电压互感器配合电压表的使用

任务 2.1 认知电压互感器

知识目标

1）认知电压互感器的基本结构和工作原理。
2）认知电压互感器的分类。

素养目标

1）培养学生探究学习的能力。
2）培养学生电工操作的职业素养。
3）培养学生严谨的工匠精神。

知识课堂

2.1.1 电压互感器的构造与原理

电压互感器（Voltage Transformer，VT）和变压器类似，是用来变换电压的仪器。但变压器变换电压的目的是方便输送电能，因此容量很大，一般都是以千伏安或兆伏安为计量单位；而电压互感器变换电压的目的，主要是用来给测量仪表和继电保护装置供电，用来测量电路的电压、功率和电能，或者用来在电路发生故障时保护电路中的贵重设备、电机和变压器，因此电压互感器的容量很小，一般都只有几伏安、几十伏安，最大也不超过一千伏安。

电压互感器本质上实际是一个降压变压器，能将一次高电压变换成二次低电压，其一次匝数远多于二次匝数。由于电压表的内阻都很大，所以电压互感器的正常工作状态接近于变压器的开路状态。

1. 电压互感器结构

电压互感器的工作原理、结构和接线方式与变压器相似，同样是由相互绝缘的一次、二次绕组绕在公共的闭合铁心上组成的，电压互感器的结构如图 2-1a 所示，图 2-1b 为电压互感器的电气符号。电压互感器的一次绕组的两个端钮标以 A、X，二次绕组相应的两个端钮标以 a、x；其文字符号是"TV"。电压互感器与变压器的主要区别是二者容量不同，且电压互感器是在接近空载的状态下工作的。

2. 电压互感器工作原理

电压互感器是将高电压变化为低电压供电给仪表，所以它的一次绕组的匝数 N_1 多，二次绕组的匝数 N_2 少，一次绕组与被测电压并联，二次绕组与电压表、电能表等的电压线圈并联。当一次绕组加上电压时铁心内有交变主磁通 Φ 通过，一、二次绕组分别有感应电势 E_1 和 E_2。将电压互感器二次绕组阻抗折算到一次侧后可得

$$K_{UN} = U_1 / U_2 = N_1 / N_2 \tag{2-1}$$

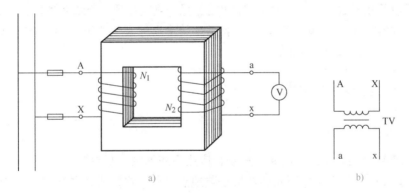

图 2-1 电压互感器的结构和电气符号

a) 电压互感器结构 b) 电气符号

K_{UN} 一般都标在电压互感器的铭牌上，这就是理想电压互感器的电压比，称为额定电压比。即理想电压互感器一次绕组电压 U_1 与二次绕组电压 U_2 的比值是个常数，等于一次绕组和二次绕组的匝数比。被测电压 U_1 的大小为

$$U_1 = K_{UN} U_2 \tag{2-2}$$

式(2-2) 为电压互感器的基本计算公式，由此可根据二次回路电压表的读数 U_2 及额定电压比 K_{UN} 求出被测电压 U_1。

注意：在实际测量中，为测量方便，对与电压互感器配合使用的电压表，常按二次电压乘以电压比后的数值进行标度。

2.1.2 电压互感器的主要参数

1. 额定电压比

一次额定电压 U_{1N} 与二次额定电压 U_{2N} 之比，用符号 K_{UN} 表示。

2. 准确度等级

准确度等级是对电压互感器所指定的误差等级。在规定使用条件下，互感器的误差应在规定限度之内。

目前，用于电力系统中的国产电压互感器准确度分为 0.1 级、0.2 级、0.5 级、1.0 级和 3.0 级这几个等级。其中，0.2 级以上的互感器主要用于实验室进行电能的精密测量或用来校验低等级的互感器。其中，0.5 级的互感器在电力系统电能计量中得到广泛的应用。在实际测量中，为了保证所接仪表的测量准确度，所选用的电压互感器准确度等级要比所接仪表准确度等级高两级。

3. 二次额定负载

二次负载是指接在电压互感器二次回路上的电压表、功率表、电能表的电压线圈以及连接导线的总阻抗。负载通常以视在功率（伏安值）表示，并以二次电压为计算基础。二次额定负载是指用来确定互感器的二次线圈是否符合规定的准确度等级要求时所依据的负载值。在产品铭牌上标注的二次额定负载与准确度等级是相对应的。电压互感器在额定电

压及二次额定负载下运行时，二次线圈输出的容量为额定容量。产品铭牌上标定的二次额定负载通常用额定容量值（单位为 V·A）表示，其输出标准值有 10V·A、15V·A、30V·A、50V·A、78V·A、100V·A、150V·A 等。

2.1.3　电压互感器的分类

1. 按应用场合分类

电压互感器种类繁多，不同的应用场合应用不同的电压互感器。

1）按安装地点分类。电压互感器按安装地点可分为户内式和户外式。35kV 及以下多制成户内式；35kV 以上则制成户外式。

2）按相数分类。电压互感器按相数可分为单相和三相式。单相电压互感器，一般在 35kV 及以上的电压等级采用。三相电压互感器，一般在 35kV 及以下的电压等级采用。

3）按绕组分类。电压互感器按绕组数目可分为双绕组和三绕组电压互感器，三绕组电压互感器除一次线圈和基本的二次线圈外，还有一组辅助二次线圈，供接地保护用。

2. 按绝缘方式分类

按绝缘方式电压互感器可分为干式、浇注式、油浸式和充气式。

1）干式电压互感器。由普通绝缘材料浸渍绝缘漆作为绝缘，多用在 500V 及以下低电压等级中。

2）浇注式电压互感器。由环氧树脂或其他树脂混合材料浇注的成型体作为绝缘，多用在 35kV 及以下电压等级中。

3）油浸式电压互感器。由绝缘纸和绝缘油作为绝缘，是我国最常见的结构形式，常用在 220kV 及以下电压等级中。

4）充气式电压互感器。多用于 SF6 全封闭组合电器中。由气体作为主绝缘，多用在超高压、特高压输电网中。

任务 2.2　电压互感器配合电压表的操作

知识目标

1）掌握电压互感器测量接线方法。
2）掌握电压互感器测量电压的正确读数方法。

素养目标

1）培养学生探究学习的能力。
2）培养学生电工操作的职业素养。
3）培养学生严谨的工匠精神。
4）培养学生团队沟通协作的能力。

知识课堂

2.2.1　电压互感器的使用原则

电压互感器的使用原则如下。

1) 电压互感器在投入运行前要按照规程规定的项目进行试验和检查。例如，测极性和连接组别、摇绝缘、核相序等。

2) 电压互感器的接线应保证其正确性，一次绕组和被测电路并联，二次绕组应和所接的测量仪表、继电保护装置或自动装置的电压线圈并联，同时要注意极性的正确性。

3) 电压互感器二次负载的容量应合适，不应超过其额定容量，否则，会使互感器的误差增大，难以达到测量的正确性。

4) 电压互感器二次侧不允许短路。由于电压互感器内阻抗很小，若二次侧短路，则会出现很大的电流，将损坏二次设备甚至危及人身安全。电压互感器可以在二次侧装设熔断器以保护其自身不因二次侧短路而损坏。在可能的情况下，一次侧也应装设熔断器，以保护高压电网不因互感器高压绕组或引线故障而危及一次系统的安全。

5) 为了确保人在接触测量仪表和继电器时的安全，电压互感器二次绕组必须有一点接地。因为接地后，当一次和二次绕组间的绝缘损坏时，可以防止仪表和继电器出现高电压危及人身安全。

2.2.2　电压互感器的接线方法

电压互感器在三相电路中常用的接线方法有 4 种：V/V 接法、Y_0/Y_0 接法、$Y_0/Y_0/\triangle$ 接法和三相五柱式 Y_0/Y_0 接法，接线方式如图 2-2 所示。

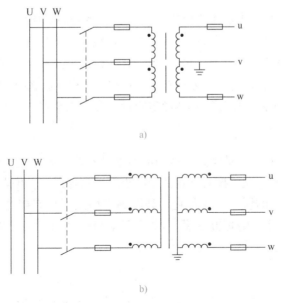

a)

b)

图 2-2　电压互感器的 4 种接线方式

a) V/V 接法　b) Y_0/Y_0 接法

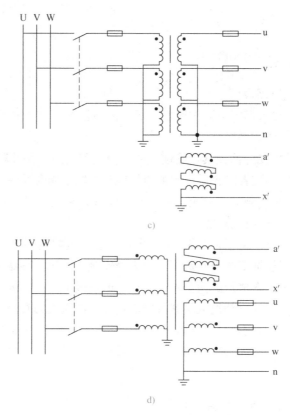

图 2-2　电压互感器的 4 种接线方式（续）

c）$Y_0/Y_0/\triangle$接法　d）三相五柱式 Y_0/Y_0 接法

1. V/V 接法

如图 2-2a 所示，此接法是将两台单相电压互感器的高低压绕组分别接成不完全三角形。这种接法广泛用于中性点不接地，或者经消弧线圈接地的 35kV 及以下的高压三相系统中，特别是 10kV 的三相系统中。这既能节省一台电压互感器，又能取得三相功率表、电能表所需要的线电压，线电压一般取自 U－V 和 V－W。但这种接线方式不能测量相电压，且总输出容量仅为两台电压互感器额定容量总和的 1.5 倍。

2. Y_0/Y_0 接法

如图 2-2b 所示，此接法是将三台单相电压互感器或一台三相三柱式电压互感器的高低压绕组分别接成星形。这种接线方式多用于小电流接地系统，可以测量线电压，但三相负载不平衡时会有较大的误差，而且它的高压侧中性点不允许接地，否则当一次高压侧有单相接地故障时，可能烧坏互感器，故而高压侧中性点无引出线，也就不能测量相电压。

3. $Y_0/Y_0/\triangle$ 接法

如图 2-2c 所示，此接法是用三台单相三绕组电压互感器构成三相电压互感器组，高压侧和其中的一组低压侧绕组分别接成星形，另一组低压侧绕组接成开口三角形。这种接线方式多用于大电流接地系统，在10kV及以下的小电流接地系统中也广泛采用。它既可测量线电压，又可测量相电压，其中接成开口三角形的辅助接地绕组，可构成零序电压过滤器供继电保护等使用。

4. 三相五柱式 Y_0/Y_0 接法

当 $Y_0/Y_0/\triangle$ 接法用于小电流接地系统时，一般都采用三相五柱式的电压互感器，如图2-2d所示。该接法的互感器一、二次侧均有中性线引出，故既可测量线电压，又可测量相电压。另外，二次辅助绕组接成开口三角形，供绝缘监视用。

2.2.3 JDG4-0.5型单相电压互感器的接线

在单相电路的测量中，单相电压互感器遵循的是并联的接线原则，下面以JDG4-0.5型单相电压互感器为例说明其接线方式。

1. JDG4-0.5型单相电压互感器

图2-3为JDG4-0.5型单相电压互感器的外观，铭牌上标注的型号含义为：

J表示电压互感器；D表示单相；G表示干式；4表示设计序号；0.5表示一次额定电压为0.5kV。

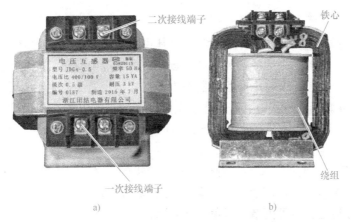

图 2-3 JDG4-0.5型单相电压互感器外观

a）正面 b）背面

2. 单相电压互感器测量市电接线电路原理图

目前，我国市电主要有相电压和线电压两种电压，其接线原理图如图2-4所示。在测量接线中，需要把电压互感器一次侧根据测量需要接为相电压或线电压，二次侧接电压表即可，并且为了保证人员和设备的安全，电压互感器二次侧一端需要接地，防止绝缘损坏时高压窜入二次侧。其接线端子示意图如图2-5所示。

当被测对象为相电压时，电压互感器的一次侧A、X接线端子接某一被测相线（火线）和零线，电压互感器的二次侧a、x接线端子接量程为100V的交流电压表，由于被测量是交流电，所以电压表接线时可以不用区分极性。

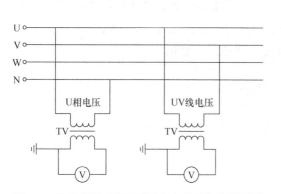

图 2-4 单相电压互感器测量市电接线电路原理图

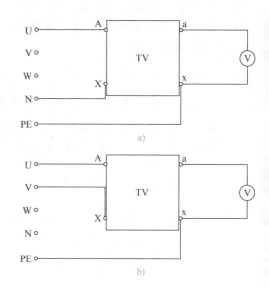

图 2-5 单相电压互感器测量市电接线端子示意图
a) 测量 U 相电压接线端子示意图 b) 测量 UV 线电压接线端子示意图

3. 接线时注意事项

1) 电压互感器在连接的时候，是需要将其进行接地的，从而更好地保护整个回路，而接地的地方是互感器的外壳或回路中的一点，这样才能确保正常的使用。如果是用于绝缘监视装置的话，也是需要将电压互感器的中性点接地，避免产生不必要的麻烦。

2) 在连接互感器的过程中，需要让二次回路中使用的电线符合标准，其横截面积需要 1.5mm² 以上。线路的布局一定要整齐，不可过于凌乱，而且每一个连接点不能松，接触要好，且线路的连接不要产生接头。

3) 连接互感器的时候，安全问题也是不能忽视的，尤其是在第一和第二回路中，最好是能够安装熔断器，在出现意外的时候，能够立马停止。另外对于互感器的极性和顺序，也是要区分清楚，不可搞错，以免损坏互感器。

2.2.4 电压互感器测量电压的读数方法

由于电压互感器的降压作用，其二次侧接电压表测量的为降压后的电压数值，要得到被测一次电压数值，需用电压表读数乘以电压互感器额定电压比。

$$U_1 = K_{UN} U_2 \tag{2-3}$$

式中，U_1 表示被测电压，即电压互感器一次电压；K_{UN} 为电压互感器电压比；U_2 表示二次电压表读数。

一般电压互感器二次额定电压都规定为 100V，一次额定电压为电力系统规定的电压等级，这样做的优点是二次侧所接的仪表电压线圈额定值都为 100V，可统一标准化。实际测量中，电压互感器二次侧所接的仪表刻度实际上已经被放大了 K_{UN} 倍，可以直接读出一次侧的被测电压数值。

思考与练习2

思考与练习2

一、判断题

1. 电压互感器的电压比等于一次侧与二次侧的匝数比。 （   ）

2. 负载常用功率伏安值表示。 （   ）

3. 电压互感器在额定电压及二次额定负载下运行时，二次输出的容量为额定容量。

（   ）

二、选择题

1. 电压互感器实际上就是一个（   ）变压器，它能将一次侧的（   ）变换成二次侧的（   ）。

A. 升压 高电压 低电压   B. 降压 高低压 低电压

C. 升压 低电压 高电压   D. 降压 低电压 高电压

2. 电压互感器的二次侧在运行时绝对不允许（   ）。

A. 短路   B. 开路

C. 装设熔断器   D. 接电压表

三、简答题

1. 二次额定负载的概念。

2. 电压互感器按绝缘方式分为哪几种？

3. 简述电压互感器的使用原则。

03

项目3

电流互感器配合电流表的使用

▶学习导入：

在发电、变电、输电、配电和用电的线路中电流大小差别很大，从几安到几万安都有。为了便于测量、保护和控制，需要通过电流互感器将大电流转换为小电流；另外，电路上的电压一般都比较高，如直接测量是非常危险的，电流互感器可起到电流变换和电气隔离的作用，可以将测量仪表和操作人员与高电压、大电流隔开，而且与被测回路绝缘，没有电的联系，从而保证了操作人员和仪表的安全。对仪表制造厂家来说，也不必再考虑高压绝缘，从而降低了仪表成本。本项目就电流互感器的结构、工作原理、测量使用方法等内容进行阐述。

项目3 电流互感器配合电流表的使用

任务 3.1 认知电流互感器

1）认知电流互感器的基本结构和工作原理。
2）认知电流互感器的分类。

素养目标

1）培养学生探究学习的能力。
2）培养学生电工操作的职业素养。
3）培养学生严谨的工匠精神。

知识课堂

3.1.1 电流互感器的结构与原理

电流互感器（Current Transformer，CT）的可以把数值较大的一次电流通过一定的电流比转换为数值较小的二次电流，用来进行测量、保护、控制等。

1. 电流互感器结构

电流互感器实际上是一个降流变压器，能把一次大电流变换成二次小电流。使用时，将一次侧与被测电路串联，二次侧与电流表串联，如图 3-1a 所示。由于电流表的内阻一般都很小，所以电流互感器在正常工作状态时，接近于变压器的短路状态。

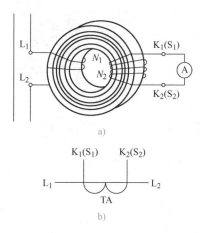

图 3-1 电流互感器的结构示意和图形符号
a）结构示意 b）图形符号

电流互感器的一次绕组串接到被测电路中，对一次绕组的额定电流已进行了系列化规定，有 0.1~25000A 等不同规格；二次绕组接到测量仪表，其额定电流规定为 5A 或 1A，这样便于测量。

由于电流互感器是将大电流变成小电流，所以它的一次绕组的匝数远比二次绕组的匝数少。电流互感器的电路符号如图 3-1b 所示，一次绕组一般用一根直线表示，它的两个端钮分别标以 L_1、L_2，二次绕组相应的两个端钮分别标以 K_1、K_2 或 S_1、S_2，其中 L_1 和 K_1（S_1）、L_2 和 K_2（S_2）分别为同名端。

2. 电流互感器工作原理

电流互感器的工作原理与一般变压器的工作原理基本相同。当一次绕组中有电流 I_1 通过时，由一次绕组的磁动势 I_1N_1 产生的磁通绝大部分通过铁心而闭合。从而在二次绕组中感应出电动势 E_2。如果二次绕组接有负载，那么，二次绕组中就有电流 I_2 通过，二次绕组的磁动势 I_2N_2 也产生磁通，其绝大部分也通过铁心闭合。因此，铁心中的磁通是一个由一、二次绕组的磁动势共同产生的合成磁通 Φ，称为主磁通。根据磁动势平衡原理可以得到

$$K_{IN} = I_1/I_2 = N_2/N_1 \tag{3-1}$$

从式（3-1）可以看出，理想电流互感器两侧的电流大小和它们的绕组匝数成反比，该比值为常数 K_{IN}，称为电流互感器的额定电流比。

由公式得

$$I_1 = K_{IN}I_2 \tag{3-2}$$

这是电流互感器的基本计算公式，根据式（3-2）可从电流互感器铭牌上标出的额定电流比 K_{IN} 及二次回路电流表的读数 I_2，计算出被测电流 I_1。

3.1.2　电流互感器的主要参数

电流互感器的主要参数有以下 4 种。

1. 准确度等级

电流互感器的准确度等级是指在负载功率因数为额定值时，在规定的二次负载范围内，一次电流为额定值时的最大误差限值。根据国家标准，国产电流互感器的准确度等级按由高到低的顺序分为 0.01、0.02、0.05、0.1、0.2、0.5、1.0、3.0 和 10 共 9 个等级，而 0.01、0.02、0.05、0.1 级电流互感器主要用于精密测量或作为标准互感器用来检定低等级的电流互感器，0.2、0.5 级电流互感器常用于电能表计量，1.0 级电流互感器常与作为监视用的指示仪表连接，3.0、10 级电流互感器主要与继电保护配合使用。

2. 额定电压

电流互感器的额定电压是指其一次绕组对地或二次绕组长期能承受的最大绝缘电压值（有效值），而不是指一次绕组两端所加的电压值。所以，电流互感器的额定电压只反映该电流互感器的绝缘水平，而与电流互感器的额定容量无关。当然，电流互感器的额定电压等级应与电网的额定电压等级一致，故所选的电流互感器的额定电压应与其安装处的电压等级相符。

3. 额定电流比 K_{IN}

电流互感器的一次额定电流 I_{1N} 与二次额定电流 I_{2N} 之比称为额定电流比 K_{IN}。

4. 额定容量 S_N

电流互感器的额定容量是指电流互感器在最高准确度等级下，运行于二次额定电流 I_{2N} 和额定负载 Z_{2N} 时，二次侧所输出的视在功率。其表达式为

$$S_N = I_{2N}^2 Z_{2N} \tag{3-3}$$

电流互感器二次额定容量要大于实际二次负载，实际二次负载应为二次额定容量的 25% ~ 100%。额定容量决定二次负载阻抗，负载阻抗又影响测量或控制精度。负载阻抗主要受测量仪表和继电器线圈电阻、电抗、接线端子接触电阻、二次连接导线电阻的影响。

3.1.3 电流互感器的分类

根据不同的分类标准，可将电流互感器分为以下不同类型。

1）按用途可分为测量用电流互感器（在正常工作电流范围内，向测量、计量等装置提供电网的电流信息）和保护用电流互感器（在电网故障状态下，向继电保护等装置提供电网故障电流信息）。

2）按绝缘介质可分为干式电流互感器、浇注式电流互感器、油浸式电流互感器和气体绝缘电流互感器。

3）按电流变换原理可分为电磁系电流互感器和光电系电流互感器。

4）按安装方式可分为贯穿式电流互感器（用来穿过屏板或墙壁的电流互感器）、支柱式电流互感器（安装在平面或支柱上，兼做一次导体支柱用的电流互感器）、套管式电流互感器（没有一次导体和一次绝缘，直接套装在绝缘套管上的一种电流互感器）和母线式电流互感器（没有一次导体但有一次绝缘，直接套装在母线上使用的一种电流互感器）。

任务 3.2 认知电流表

知识目标

1）认知电流表的分类。
2）掌握电流表的选择和使用方法。

素养目标

1）培养学生探究学习的能力。
2）培养学生电工操作的职业素养。
3）培养学生严谨的工匠精神。

知识课堂

3.2.1　电流表的分类

电流表（Ammeter）又称"安培表"，是用来测量交、直流电路中电流的仪表。在电路图中，电流表的符号为"Ⓐ"，直流电流表的符号要在 A 下加一个下划线"_"，交流电流表的符号要在 A 下加一个波浪线"～"。电流值以"安"或"A"为标准单位。

1）根据被测电量的种类不同，电流表可分为直流电流表和交流电流表两大类。

① 直流电流表。用来测量直流电流，主要是采用磁电系电表的测量机构。

② 交流电流表。用来测量交流电流，主要是采用电磁系电表、电动系电表和整流式电表的测量机构。

2）根据电流显示的方式不同可分为指针式电流表和数字式电流表两大类。

① 指针式电流表。把被测电流通过仪表的测量机构最终转化为指针的偏转角度，通过指针所在刻度盘的位置，读出电流的大小。

② 数字式电流表。数字式电流表分为单相数显电流表和三相数显电流表，该表具有变送、LED（或 LCD）显示和数字接口等功能，通过对电网中各电参量的交流采样，以数字形式显示测量结果。经 CPU 进行数据处理，将三相（或单相）电流、电压、功率、功率因数、频率等电参量由 LED（或液晶）直接显示，同时输出 $0 \sim 5V$、$0 \sim 20mA$ 或 $4 \sim 20mA$ 相应的模拟电量，与远程终端单元（Remote Terminal Unit，RTU）相连，并带有 RS-232 或 RS-485 接口。

3.2.2　电流表的使用

1. 合理选择电流表

1）根据被测量准确度要求，合理选择电流表的准确度。电流表的准确度分为 0.1、0.2、0.5、1.0、1.5、2.5、5.0 共 7 个等级。一般地讲，0.1、0.2 级的电流表适用于标准表及精密测量中；$0.5 \sim 1.5$ 级电流表适用于实验室的测量；$1.0 \sim 5.0$ 级电流表适用于工矿企业中作为电气设备运行监测和电气设备检修。

2）根据被测电流大小选择相应量限的电流表。量限过大会造成测量准确度下降，量限过小会造成电流表损坏。为充分利用仪表的准确度，应当按尽量使用标尺度后 1/4 段的原则选择仪表的量程。

3）合理选择电流表内阻。电流表具有内阻，内阻越小，测量的结果越接近实际值。为了提高测量的准确度，应尽量采用内阻较小的电流表。

2. 测量前的检查

测量前，应检查电流表指针是否对准"0"刻度线。如果没对准，应调节调零器，使指针归零。

3. 电流表的使用

电流表的使用方法如下。

1）将电流表必须串接在被测电路中。

2）测量直流电流时，电流表接线端的正"＋"、负"－"极性不可接错，否则可能损坏仪表，电流表的正极接高电位端，负极接低电位端；测量交流电流时，不需区分极性。

3）应根据被测电流大小选择合适的量程。对于有两个量程的电流表，它具有3个接线端，使用时要看清接线端量程标记，将公共接线端和一个量程接线端串接在被测电路中。对于多量程电流表，在不知道被测电流多大的情况下，可以从最大的电流量程开始逐渐减小量程试测。

4）实际使用中，在测量数值较大的交流电流时，常借助于电流互感器来扩大交流电流表的量程。电流互感器二次额定电流一般设计为5A，与其配套使用的交流电流表量程也应为5A。电流表指示值乘以电流互感器的电流比，即为所测实际电流的数值。

4. 电流表的正确读数

读数时，应让指针稳定后再进行读数，并尽量保持视线与刻度盘垂直。如果刻度盘有反射镜，应使指针和指针在镜中的投影重合，以减小读数误差。在计算被测电流值时，需要先计算出每一小格代表的电流数值（每一小格的电流数值也叫作分格常数，等于电流量程除以刻度上的总格数），再乘以指针偏转的格数，就是被测的电流值。

综上，在做实验探究的时候，一定要保持严谨的态度，在电流表量程的选择上要合适，同时注意使用时的操作要规范。

任务 3.3　电流互感器配合电流表的操作

知识目标

1）掌握电流互感器测量接线方法。
2）掌握电流互感器测量电流的正确读数方法。

素养目标

1）培养学生探究学习的能力。
2）培养学生电工操作的职业素养。
3）培养学生严谨的工匠精神。
4）培养学生团队沟通协作的能力。

知识课堂

3.3.1　电流互感器的使用原则

电流互感器的接线应遵守如下串联原则。

1）一次绕组应与被测电路串联，二次绕组与所有仪表负载串联。电流互感器在使用时，它的一次绕组应与待测电流的负载电路串联，二次绕组则与电流表串接成闭合回路。

电流互感器的一次绕组是用粗导线绕成的，其匝数只有一匝或几匝，因而它的阻抗极小。一次绕组串接在待测电路中时，它两端的电压降极小。二次绕组的匝数虽多，但在正常情况下，它的电动势 E_2 并不高，大约只有几伏。

2）在测量使用时，应按被测电流大小，选择合适的电流比，否则误差将增大；同时，二次侧一端和铁壳必须接地，以防绝缘一旦损坏时，一次高压窜入二次低压中，造成人身和设备事故。

3）电流互感器二次侧绝对不允许开路，因一旦开路，一次电流 I_1 全部成为磁化电流，引起铁心磁通 Φ_m 和二次电动势 E_2 骤增，引起磁路过度饱和磁化，导致发热严重乃至烧毁线圈；同时，磁路过度饱和磁化后，使误差增大，电流互感器在正常工作时，二次侧近似于短路，若突然使其开路，则励磁电动势由数值很小的值骤变为很大的值，铁心中的磁通呈现严重饱和的平顶波，因此二次绕组将在磁通过零时感应出很高的尖顶波，其感生电动势值可达到数千甚至上万伏，危及工作人员的安全及仪表的绝缘性能，所以电流互感器的二次侧严禁加装熔断器。

4）为了满足测量仪表、继电保护、断路器失灵判断和故障滤波等装置的需要，在发电机、变压器、出线、母线分段断路器、母线断路器、旁路断路器等回路中均设 2~8 个二次绕组的电流互感器，对于大电流接地系统一般按三相配置；对于小电流接地系统，依具体要求按二相或三相配置。

5）对于保护用电流互感器的装设地点应按尽量消除主保护装置的不保护区来设置，例如：若有两组电流互感器，且位置允许时，应设在断路器两侧，断路器处于交叉保护范围之中。

6）为了防止支柱式电流互感器套管闪络造成母线故障，电流互感器通常布置在断路器的出线或变压器侧。

说明：闪络是指固体绝缘子周围的气体或液体电介质被高电压击穿时，沿固体绝缘子表面的放电现象。发生闪络后，闪络通道中的电火花或电弧使绝缘表面局部过热炭化，损坏表面绝缘。

7）为了减轻发电机内部故障时的损伤，用于自动调节励磁装置的电流互感器应布置在发电机定子绕组的出线侧；为了便于在发电机并入系统前发现内部故障和分析故障，用于测量仪表的电流互感器宜装在发电机中性点侧。

3.3.2　电流互感器常见的两种测量方法

电流互感器常用的两种测量方法如下。

1）当被测电流较大时，用电流互感器接电流表显示电流值。电流互感器有电流比，如 75:5、150:5、200:5 等，要根据电流表的量程，选择合适的电流互感器。电流比前边的数就是互感器一次最大电流。配电流表时，电流表最大量程要略大于这个数，不要大的太多。硬质电缆穿心一匝，软线可以根据实际情况选择穿心几匝。尽量选择表盘最大读数与互感器一次侧数一致的，这样电流表读数就是实际电流值而不必换算。如 200:5 的互感器配最大量程 200A 的电流表。

2）电流互感器接电表用于计量电能。在用电量较大的场合，电流也会较大。而直进式电表（不用接互感器的电表）最大承受电流是100A。工厂用电电流较大，一般为几百安，甚至上千安，这样再用直进式的电表就会烧坏无法正常工作。和电流互感器配套使用的电表一般最大承受电流为6A。完全能承受互感器二次侧输出的5A的电流。这样使用时，只需要选择最大电流为6A的三相四线制电表，然后再根据实际用电功率计算出电流，选择合适的互感器就可以了。记住在计算电能时一定要用电表指示数再乘以电流互感器的电流比才是实际用电量。

3.3.3 电流互感器的接线

1. 常用接线方式

在三相电路中，常用的电流互感器的接线方式如图3-2所示。

（1）两相星形接线

两相星形接线如图3-2a所示。两相星形接线又称不完全星形接线，它由两只完全相同的电流互感器构成。该种接线方式适用于小电流接地的三相三线制系统。当然，这种接线方式也有其不足之处，由于只有两只电流互感器，只要其中一组极性接反，则公共线中的电流就变为两相电流相量之差，造成计量错误，且这种错误接线发生概率是较多的。

（2）三相星形接线

三相星形接线如图3-2b所示。三相星形接线又称完全星形接线，它由3只完全相同的电流互感器构成。该种接线方式适用于高压大电流接地系统、发电机二次回路、低压三相四线制电路。由于每相都有电流流过，当三相负载不平衡时，公共线中就有电流流过，此时，公共线是不能断开的，否则就会产生计量误差。

（3）分相接线

图3-2c所示为三相三线制电路的两只电流互感器构成的分相接线，在三相四线制电路中也可采用类似的分相接线。这种接线虽然要增加二次回路的电缆芯数，但可减少错误接线的概率、提高计量的准确性和可靠性，并给现场校表带来方便。

（4）差电流接线

如图3-2d所示为由两只电流互感器构成的两相电流差接线。这种接线方式的二次侧公共线流过的电流等于两个相电流的相量差，多用于三相三线制电路中。

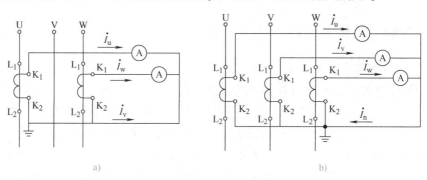

a)   b)

图3-2 三相电路中电流互感器的接线方式

a）两相星形接线 b）三相星形接线

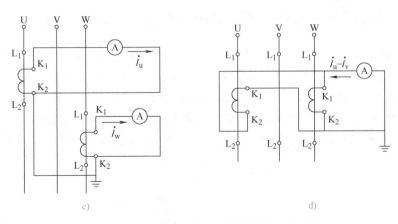

图 3-2 三相电路中电流互感器的接线方式（续）

c）分相接线 d）差电流接线

在单相电路的测量中，电流互感器遵循的是串联接线原则，下面以 BH－0.66 型电流互感器为例说明其接线方式。

2. BH－0.66 型电流互感器接线

（1）BH－0.66 型电流互感器

BH－0.66 型电流互感器的外观如图 3-3 所示。

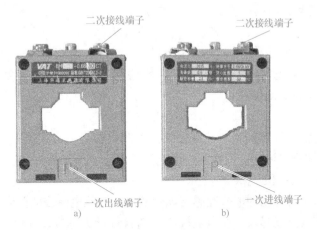

图 3-3 BH－0.66 型电流互感器外观示意图

a）正面图 b）背面图

（2）BH－0.66 型电流互感器型号的含义

BH－0.66 型电流互感器铭牌上型号的含义如下。

B 表示该电流互感器为封闭式；H 表示该器件为互感器；0.66 表示额定电压为 0.66kV。

BH 型电流互感器为低压电流互感器，主要用于额定频率为 50Hz 的交流电路中，作为电流、电能测量或继电保护。

3.3.4 电流互感器配合电流表测量单相负载电流电路原理

下面以 BH-0.66 型电流互感器为例，介绍电流互感器在单相负载电路中的接线、测量及应用。根据电路知识可知，单相负载的供电电源为某相线（电路图以 U 相为示例）和中性线间的电压，理论值为 220V，测量通过单相负载的电流时，被测电路导线与电流互感器的一次侧串联（当使用穿心式电流互感器时，被测导线从 P_1 端进入，P_2 端穿出即可），电流互感器二次侧接量程为 5A 的电流表。其接线原理电路如图 3-4 所示。

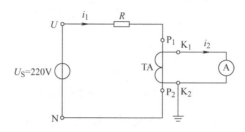

图 3-4　电流互感器配合电流表测量单相负载电流电路原理图

3.3.5 电流互感器测量电流的读数方法

额定电流比 K_{IN} 是一次额定电流与二次额定电流的比值，理想情况下即为匝数比。K_{IN} 一般都标在电流互感器的铭牌上。其公式为

$$K_{IN} = I_{1N}/I_{2N} = N_2/N_1 \tag{3-4}$$

实际使用中，电流互感器一次绕组电流 I_1 与二次绕组电流 I_2 的比值是个常数，$I_1/I_2 = K_i$（K_i 称为实际电流比），也约等于二次绕组和一次绕组的匝数比，即 K_{IN}。所以被测电流 I_1 的大小可表示为

$$I_1 = K_{IN}I_2 \tag{3-5}$$

式(3-5)是电流互感器的基本计算公式，由此可根据二次回路电流表的读数 I_2 及额定电流比 K_{IN} 求出被测电流 I_1。即被测一次电流就等于电流互感器二次侧所测得的电流数值与额定电流比 K_{IN} 之乘积。

如果电流表同一只专用的电流互感器配套使用，则此电流表的刻度就可按大电流电路中的电流值标出。电流互感器二次电流较大，通常设计为标准值 5A。不同电流的电路所配用的电流互感器是不同的，其电流比有 10/5、20/5、30/5、50/5、75/5、100/5 等。

思考与练习3

思考与练习3

一、判断题

1. 电流互感器实际上是一个降流变压器。　　　　　　　　　　　　　　　　（　　）

2. 电流互感器的电流比等于一次侧与二次侧的匝数比。　　　　　　　　　（　　）

3. 电流互感器铁心中的磁通是一个由一、二次绕组的磁动势共同产生的合成磁通 Φ，称为主磁通。　　　　　　　　　　　　　　　　　　　　　　　　　（　　）

二、选择题

1. 电流表互感器在正常工作状态时，接近于变压器（　　　）。

A. 开路　　　　　　B. 短路　　　　　　C. 击穿　　　　　　D. 满载

2. 使用电流互感器时，下列操作错误的是（　　　）。

A. 将电流互感器一次侧与被测电路并联

B. 二次侧与电流表串联

C. 电流互感器的铁心和二次侧一端必须可靠接地，确保人身和设备的安全

D. 接在同一互感器上的仪表不能太多

三、简答题

1. 简述电流互感器的工作原理。

2. 简述电流表的使用方法。

3. 简要说明电流互感器的使用原则。

04

项目4

功率表和功率因数表的使用

▶学习导入：

功率表是一种测量电功率的仪器，广泛应用于电力系统和自动化控制系统中对电量参数电功率的测量和显示。功率因数是电力系统的一个重要的技术数据，是衡量电气设备利用率和效率高低的一个重要参数。功率因数表是测量电路的功率因数的一种仪表，常应用于电容补偿配电屏上。本项目就功率表和功率因数表的结构、工作原理、测量使用方法等内容进行阐述。

项目4 功
率表和功率
因数表的
使用

任务 4.1　认知功率表和功率因数表

知识目标

1）认知功率表的基本结构和工作原理。
2）认知功率因数表的基本结构和工作原理。
3）认知功率表的分类。
4）认知功率因数表的分类。

素养目标

1）培养学生探究学习的能力。
2）培养学生电工操作的职业素养。
3）培养学生严谨的工匠精神。

知识课堂

4.1.1　功率表概述

功率表也叫瓦特表，是一种测量电功率的仪器，广泛应用于电力系统和自动化控制系统中对电量参数电功率的测量和显示。

电功率包括有功功率、无功功率和视在功率。在交流电路中，凡是消耗在电阻元件上，功率存在不可逆转换的那部分功率（如转变为热能、光能或机械能）称为有功功率，用 P 表示，单位是瓦（W）；电感或电容元件与交流电源进行往复交换的功率称为无功功率，用 Q 表示，单位是乏（var）；交流电源所提供的总功率称为视在功率，用 S 表示，单位是 V·A（伏安）；三种功率的数值关系为

$$S = \sqrt{P^2 + Q^2}$$

功率表常见的为有功功率表和无功功率表，有功功率表可以测量出电路的有功功率；无功功率表用于测量无功功率，两种功率表都是保证电力系统安全运行的重要测量仪器。在实际使用中有功功率表用得较多，且有功功率表按照特定的接法也可以测量出无功功率。本书着重介绍有功功率表。未做特殊说明时，功率表一般是指测量有功功率的仪表。

4.1.2　功率表的结构和原理

功率表有指针式和数字式两种，下面以有功功率表为例，介绍功率表的结构和原理。

1. 指针式功率表

普通单相电动系功率表是由电动系测量机构和附加电阻构成的，其结构原理如图 4-1a 所示。

电动系功率表的电路如图 4-1b 所示，图中圆圈加十字表示电动系测量机构，十字中

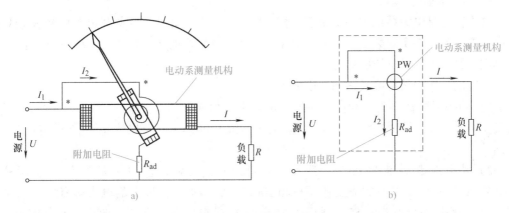

图 4-1　单相电动系功率表

a）结构图　b）内部电路原理图

的粗线表示固定线圈，细线表示可动线圈。当进行功率测量时，功率表的固定线圈与负载串联反映负载的电流，其可动线圈支路与负载并联可反映负载的电压。所以功率表的固定线圈也称电流线圈，可动线圈也称电压线圈。其测量机构的偏转角与被测电路的功率成正比，所以功率表的刻度是均匀的。

2. 数字式功率表

数字式功率表主要由数字电压表和功率转换器构成。功率转换器本质为电子乘法器，测量时，一个输入电压信号大小正比于负载电压大小，另一个输入电压信号大小正比于负载电流大小，通过乘法器输出一个和负载功率大小成正比的电压值。再用数字电压表测量出乘法器的输出电压。利用被测负载功率值与该输出电压值的正比关系对数字电压表进行校准，可得出被测功率大小，再通过显示电路显示出被测功率的大小，其原理图如图 4-2 所示。

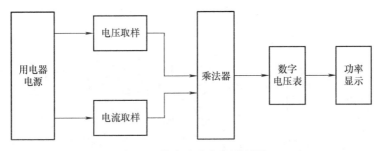

图 4-2　数字式功率表原理图

4.1.3　功率因数表概述

功率因数表是测量电路中的有功功率与视在功率之比的仪表。在交流电路中，电压与电流之间的相位差（φ）的余弦值叫功率因数，用 $\cos\varphi$ 表示，在数值上，功率因数是有功功率和视在功率的比值，即：$\cos\varphi = P/S$。功率因数表常应用于电容补偿配电屏上。当功率因数滞后时投入补偿电容，当功率因数超前（即过补偿时），切除电容，从而使功率因数控制在合理范围内。

功率因数是电力系统的一个重要的技术数据，也是衡量电气设备利用率和效率高低的一个重要参数。功率因数低，说明电路用于交变磁场转换的无功功率大，从而降低了设备的利用率，增加了供电线路损耗。

我国的功率因数标准及适用范围如下。

1）功率因数标准为 0.90，适用于 160kV·A（kW）以上的高压供电工业用户，装有带负载调整电压装置的高压供电电力用户和 3200kV·A 及以上的高压供电电力排灌站。

2）功率因数标准为 0.85，适用于 100kV·A（kW）及以上的其他工业用户、100kV·A（kW）及以上的非工业用户和 100kV·A（kW）及以上的电力排灌站。

3）功率因数标准为 0.80，适用于 100kV·A（kW）及以上的农业用户和趸售用户，但趸售用户中未规划的由电业局直接管理的大工业用户，功率因数标准应为 0.85。

4.1.4 功率因数表的结构和原理

根据显示方式的不同，功率因数表有指针式和数字式两种类型。

1. 指针式功率因数表

根据测量相数不同，指针式功率因数表分为单相和三相两种。这里以单相电动系功率因数表为例，介绍功率因数表的构成。

单相电动系功率因数表是由电动系比率表的测量机构和电阻、电容、电感等构成。其偏转角与负载的相位角有关，可以通过偏转角的大小反映相位角或功率因数的大小。图 4-3 为 D3－φ 型功率因数表的内部原理电路图。

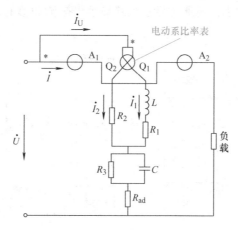

图 4-3　为 D3－φ 型功率因数表的内部原理电路图

*—含义见 4.2.1 小节。

由图 4-3 可以看出，固定线圈 A_1、A_2 串联在被测电路中反映负载的电流；可动线圈 Q_1 和电感 L、电阻 R_1 串联的支路与可动线圈 Q_2 与电阻 R_2 串联的支路相并联，再与电阻 R_3 和电容 C 的并联电路以及附加电阻 R_{ad} 串联构成了电压支路，与被测电路并联承受负载的电压。两可动线圈 Q_1、Q_2 中通入电流时，根据载流导体在磁场中受力的原理，将产生

转动力矩 M_1、M_2，由于电压线圈 Q_1 和 Q_2 绕向相反，作用在仪表测量机构上的力矩一个为转动力矩，另一个为反作用力矩，当两者平衡时，即停留在一定位置上，只要使线圈和机械角度满足一定的关系就可使仪表的指针偏转角不随负载电流和电压的大小而变化，只取决于负载电路中电压与电流的相位角，从而指示出电路中的功率因数。

2. 数字式功率因数表

在构成方面数字式功率因数表和机械式仪表一样，也是通过电能转换元器件（如变压器、线性电阻），将电压、电流互感器输出的高压交流信号转换成峰值为 5V 的低压交流信号，然后用比较器将交流信号转化为方波信号，再接到单片机的高速接口（High Speed Interface，HSI），HSI 的作用是检测输入信号的周期、频率与占空比。最后再通过显示单元，即能够取得实时的功率因数值。其结构原理如图 4-4 所示。

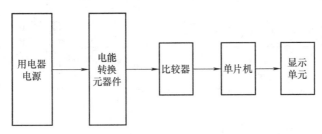

图 4-4　数字式功率因数表结构原理

任务 4.2　功率表和功率因数表的操作

知识目标

1）掌握功率表测量的接线方法。
2）掌握功率因数表测量的接线方法。
3）掌握功率表测量功率的正确读数方法。
4）掌握功率因数表测量功率因数的正确读取方法。

素养目标

1）培养学生探究学习的能力。
2）培养学生电工操作的职业素养。
3）培养学生严谨的工匠精神。
4）培养学生团队沟通协作的能力。

知识课堂

4.2.1　功率表使用原则

指针式功率表有两对接线端子，一对是电流线圈支路的接线端子，另一对是电压线圈支路的接线端子。为了不使指针反偏，将两线圈中使指针正向偏转的电流"流入"端做上标记，通常用" * "标记，称为"发电机端"。接线时，应把"发电机端"接至电源的同一极性上，以使电流的方向与"发电机端"一致。这就是功率表的"发电机端"接线规则。

4.2.2　功率表接线

1. 指针式功率表接线

本书以单相指针式功率表接线为例说明其常见接线方式。根据发电机端接线规则，单相指针式功率表的正确接线有两种，如图4-5所示。

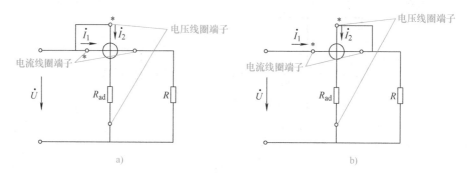

图 4-5　单相指针式功率表的接线图

a）电压线圈前接方式　b）电压线圈后接方式

图4-5a 为电压线圈前接方式，此种接线方式适用于负载电阻远远大于电流线圈内阻的情况。这是由于图4-5a 所示电路，电流线圈中流过的电流是负载的电流，但电压线圈支路反映的电压是负载和电流线圈上产生的电压之和。因此功率表反映的功率是负载和电流线圈消耗的功率。如果负载的电阻远远大于电流线圈的内阻，则负载消耗的功率远远大于功率表电流线圈消耗的功率，功率表的读数才较为准确。

图4-5b 为电压线圈后接方式，此种接线方式适用于负载电阻远远小于电压线圈支路内阻的情况。这是由于图4-5b 所示电路中，电压线圈支路反映的电压是负载电压，但电流线圈中流过的电流是负载的电流和电压线圈支路电流之和，因此功率表反映的功率是负载和电压线圈支路消耗的功率。如果负载的电阻 R 远远小于电压线圈支路的内阻 R_2，则负载消耗的功率 U_2/R 远远大于功率表电压线圈支路消耗的功率 U_2/R_2，此时功率表的读数才较为准确。

无论是电压线圈是前接方式还是电压线圈后接方式，功率表的读数中都会因含有功率表的损耗而产生误差。在一般的工程测量中，被测功率往往比功率表的损耗大得多，所以此误差可以忽略不计。实际应用中由于通常电流线圈支路的功耗比电压线圈支路的功耗小，所以常采用前接方式。但当功率很小或精密测量时，就不能忽略功率表的损耗了。这时应对功率表的读数进行校正，即从读数中减去功率表的损耗，或采取一些补偿措施。

2. 数字式功率表接线

本书以 XT194P‑5K1 型数字式三相有功功率表为例介绍其测量接线方法。

XT194P‑5K1 型数字式三相有功功率表外观如图 4-6 所示，测量数值显示单位为 W。

图 4-6　XT194P‑5K1 型数字式三相有功功率表外观

a) 前面板　b) 后面板

　　XT194P‑5K1 型数字式三相有功功率表含有 16 个接线端子，在实际接线时，只用到 9 个接线端子，其余为备用端子。该表在三相电路测量时，其接线电路原理图如图 4-7 所示。其所连接的三相负载为实验室专用灯组负载，3 个灯泡功率/电压参数相同，均为 15W/220V，电容参数为 10μF/450V。

　　XT194P‑5K1 型数字式三相有功功率表为数显仪表，按图 4-7 接线后，其数显屏会直接显示出被测三相负载有功功率的数值。

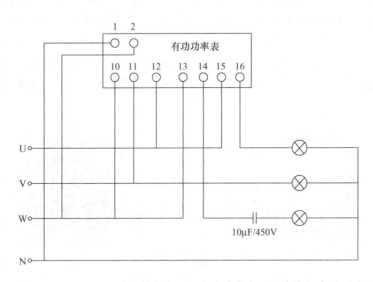

图 4-7　XT194P‑5K1 型数字式三相有功功率表测量接线电路原理图

　　与 XT194P‑5K1 型数字式三相有功功率表配套使用的还有对应的无功功率测量仪表：XT194Q‑5K1 型数字式三相无功功率表，其接线测量原理和 XT194P‑5K1 型数字式三相有功功率表一样，只是测量后显示的数值和单位不同，显示的是被测三相电路无功功率的数值，其单位为乏（var）。

4.2.3 功率因数表使用原则

使用指针式单相电动系功率因数表时应按以下原则操作。

1) 用前仪表的指针可以在任意位置，所以不必进行零位调整。

2) 选择功率因数表时应注意不要使被测电路的电流和电压超过仪表的电流和电压量程。尽管仪表的偏转角与电流和电压的大小无关，但仪表的电流线圈和电压线圈支路分别承载着负载的电流和电压，若出现过载现象就有可能损坏仪表。

3) 功率因数表的接线与功率表相同，应遵守"发电机端"的接线原则。接线方式有电压线圈前接和后接两种方式。

4) 单相电动系功率因数表必须在规定的频率范围内使用，否则会由于频率的原因使得电压支路的参数发生变化，从而破坏参数选择的原则，给仪表带来误差。

4.2.4 功率因数表接线

1. 指针式功率因数表接线

指针式功率因数表生产厂家很多，型号也有很多种，本书以 6L2 - cosφ 型指针式功率因数表为例，说明其接线测量方法原理。

（1）6L2 - cosφ 型指针式功率因数表外观

6L2 - cosφ 型指针式功率因数表可用来测量三相负载的功率因数，该仪表测量时以电压 U 为参考相量，对于纯电感性元件，电流 i 滞后电压 u 的相位为 90°，且功率因数 $\cos\varphi < 1$，如果是偏感性负载，则 $\cos\varphi$ 值位于刻度上的滞后范围（0.5 ~ 1）；对于纯电容性元件，电流 i 超前电压 u 的相位为 90°，且功率因数 $\cos\varphi < 1$，如果是偏容性负载，则 $\cos\varphi$ 值位于刻度上的超前范围（0.5 ~ 1）。6L2 - cosφ 型指针式功率因数表外观如图 4-8 所示。

a)   b)

图 4-8　6L2 - cosφ 型指针式功率因数表外观

a）前面板　b）后面板

（2）指针式功率因数表电路接线

下面以 6L2 - cosφ 型指针式功率因数表为例，说明功率因数表在测量中的接线。具体接线图如图 4-9 所示，同样是以实验室配备的专用三相灯组负载为例，说明功率因数表的接线。负载的 3 个灯泡的功率/电压参数相同，均为 15W/220V，电容参数为 10μF/450V。

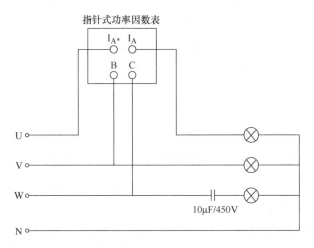

图 4-9   6L2-cosφ 型指针式功率因数表接线测量电路原理图

指针式功率因数表的接线与功率表类似，接线时应遵守"发电机端"的接线原则，从图 4-9 可以看到 U 相电源的进线端接的是电流的 I_{A*} 端子，I_A 端子为电流出线端子。B、C 端子分别接电源的 V、W 相。

2. 数字式功率因数表接线

数字式功率因数表生产厂家很多，型号也有很多种，本书以 XT194H-5K1 型数字式功率因数表为例，说明其接线测量方法和原理。

（1）数字式功率因数表外观

XT194H-5K1 型数字式功率因数表的精度等级为 0.5 级，工作电源电压为交流 220V，其外观如图 4-10 所示。

（2）数字式功率因数表电路接线

下面以 XT194H-5K1 型数字式功率因数表为例，说明数字式功率因数表在测量中的接线。具体接线图如图 4-11 所示，同样是以实验室配备的专用三相灯组负载为例，说明数字式功率因数表的接线。负载上 3 个灯泡功率/电压参数相同，均为 15W/220V，电容参数为 10μF/450V。

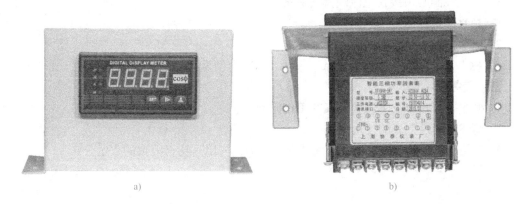

a)   b)

图 4-10   XT194H-5K1 型数字式功率因数表外观

a）前面板   b）后面板

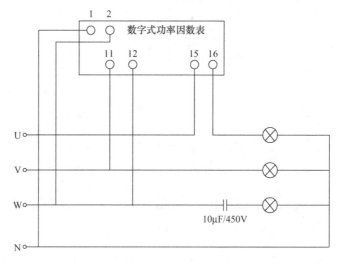

图 4-11　XT194H－5K1 型数字式功率因数表接线测量电路原理图

思考与练习4

思考与练习4

一、判断题

1. 用电压表测电压，用万用表欧姆档测电阻，用电桥测电阻，用功率表测功率都属于直接测量。　　　　　　　　　　　　　　　　　　　　　　　　　　（　　）

2. 在安装功率表时，必须保证电流线圈与负载相串联，而电压线圈与负载相并联。

（　　）

3. 电动系电流表、电压表的刻度不均匀，功率表的刻度均匀。　　　　（　　）

二、选择题

1. 普通功率表在接线时，电压线圈和电流线圈的关系是（　　　　）。

A. 电压线圈必须接在电流线圈的前面

B. 电压线圈必须接在电流线圈的后面

C. 视具体情况而定

2. 功率表属于哪一类仪表（　　　　）。

A. 磁电系　　　　　　　B. 电磁系　　　　　　　C. 电动系　　　　　　　D. 整流系

三、简答题

1. 概述指针式与数字式功率表的工作原理。

2. 简述功率因数表的使用原则。

3. 某荧光灯的有功功率为 P，无功功率为 Q，写出其功率因数的表示公式。

05

项目5

万用表的使用

▶学习导入：

　　万用表又称为万能表或多用表，它具有多种用途、多种量程、携带方便等一系列优点，是电工、电子测量中最常用的工具，在电气维修和调试工作中被广泛应用。一般万用表可以测量直流电流、直流电压、直流电阻、交流电压和音频电平等电量。有的万用表还可以测量交流电流、电容、电感，以及晶体管 β 值、频率、温度等参量。本项目就指针式和数字式万用表的结构、工作原理、测量使用方法等内容进行阐述。

项目5　万用表的使用

任务 5.1　认知万用表

知识目标

1）认知指针式万用表的基本结构和工作原理。
2）认知数字式万用表的基本结构和工作原理。

素养目标

1）培养学生探究学习的能力。
2）培养学生电工操作的职业素养。
3）培养学生严谨的工匠精神。

知识课堂

5.1.1　万用表的概述

万用表是电子测试领域最基本的工具，也是一种使用广泛的测试仪器。万用表又叫多用表、万能表。还有一种带示波器功能的示波万用表。万用表是一种可用于测量直流电流、直流电压、直流电阻、交流电压等多种电学参量的多用途、多量程的仪表。有的万用表还可进行交流电流、电容、电感以及晶体管参数的简易测试等工作。万用表电路应用时主要依据是闭合电路欧姆定律。万用表种类很多，使用时应根据不同的要求进行选择。

5.1.2　万用表的结构与功能

万用表按显示方式分为指针式万用表和数字式万用表。指针式万用表是以表头为核心部件的多功能测量仪表，测量值由表头指针指示读取。数字式万用表的测量值由液晶显示屏以数字的形式显示，读取方便，有些还带有语音提示功能。数字式仪表已成为主流，它灵敏度高，精确度高，显示清晰，过载能力强，便于携带，使用也更方便、简单。

1. 指针式万用表

指针式万用表一般由测量机构、测量电路和转换开关3部分组成。

（1）测量机构（俗称表头）

测量机构的作用是把过渡电量转换为仪表指针的机械偏转角。该测量机构采用磁电系测量机构作表头，其满偏电流为几微安到几百微安。满偏电流越小的测量机构灵敏度越高，万用表的灵敏度通常用电压灵敏度（Ω/V）来表示。

（2）测量电路

测量电路的作用是把各种不同的被测电量（如电流、电压、电阻等）转换为磁电系测量机构所能接受的微小直流电流（即过渡电量）。测量电路中使用的元器件主要包括分流电阻、分压电阻、整流元器件等。万用表的功能越多，测量电路越复杂。

（3）转换开关

转换开关的作用是根据所选档位的不同，来切换内部测量电路为不同电量种类及不同量程所对应的电路。万用表上的转换开关一般都采用多层多刀多掷开关。

现以 MF47 型指针式万用表为例介绍指针式万用表内部结构。图 5-1 为 MF47 型指针式万用表外观，各部分功能如下。

- 提手兼后支架：搬动万用表和在测量时支撑万用表。
- 指针：测量时，通过指针的偏转摆动来读出具体的刻度值。
- 刻度盘：通过对应刻度来显示电量的数值。
- 晶体管插孔：测量晶体管放大倍数的专用插孔。
- 电阻/电压/电流插孔：在测量电阻/电压/电流时，红表笔的接线插孔。
- 10A 电流插孔：测量 10A 电流时的专用插孔。
- COM/公共插孔：测量时用来接黑表笔。
- 2500V 电压插孔：测量 2500V 电压的专用测量插孔。
- 功能和量程转换开关：选择不同的测量电量以及不同的量程。
- 电阻调零旋钮：在测量电阻时进行欧姆调零。

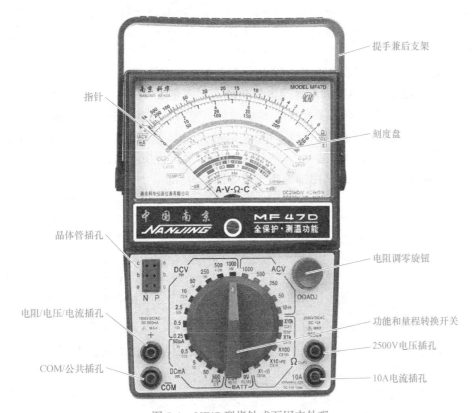

图 5-1 MF47 型指针式万用表外观

MF47 型指针式万用表采用磁电系测量机构作为表头，配合功能和量程转换开关以及测量电路以实现不同功能和不同量程的转换。图 5-2 为 MF47 型指针式万用表内部结构电路图。

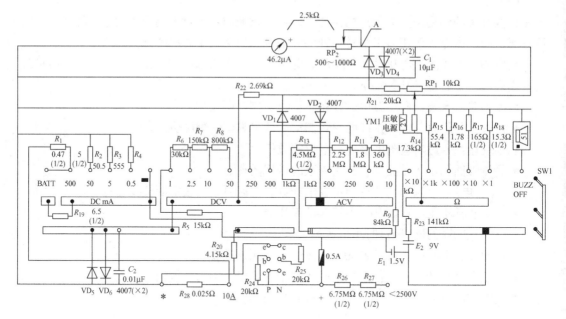

图 5-2　MF47 型指针式万用表内部结构电路图

2. 数字式万用表

　　数字式万用表由数字式电压表（DVM）配上各种变换器所构成，因而具有测量交/直流电压、交/直流电流、电阻和电容等多种功能。下图是数字式万用表的结构框图，它分为输入与变换部分、A/D 转换器部分、显示部分。输入与变换部分，主要通过电流/电压转换器（I/V）、交/直流转换器（AC/DC）、电阻/电压转换器（R/V）；电容/电压转换器（C/V）将各测量转换成直流电压量，再通过功能和量程转换开关，经放大或衰减电路送入 A/D 转换器后进行测量。其内部原理构成如图 5-3 所示。

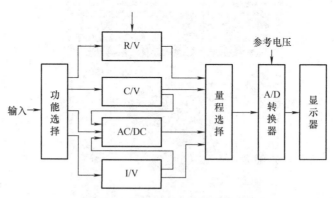

图 5-3　数字式万用表内部原理构成

　　根据数字式万用表生产厂家不同，其类型也是多种多样的，现以 VICTOR VC890D 型数字式万用表为例，来介绍它的外观结构。图 5-4 为 VICTOR VC890D 型数字式万用表外观图。位于仪表正中间的位置的旋钮是其功能和量程转换开关，右下角有测量电压、电阻、电容时专用的红表笔插孔以及黑表笔（COM）插孔；左下角有 20A 电流专用插孔，以及毫安（mA）/微安（μA）电流专用插孔，在测量电流时，根据测量电流数值的大小可以选择 mA/μA 电流插孔或者是 20A 电流专用插孔。

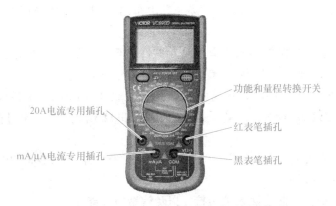

图 5-4　VICTOR VC890D 型数字式万用表外观

任务 5.2　万用表的操作

知识目标

1）掌握指针式万用表测量电量参数的方法。
2）掌握数字式万用表测量电量参数的方法。

素养目标

1）培养学生探究学习的能力。
2）培养学生电工操作的职业素养。
3）培养学生严谨的工匠精神。
4）培养学生团队沟通协作的能力。

知识课堂

5.2.1　指针式万用表的使用

指针式万用表生产厂家很多，型号类型也多种多样。常见的有 MF47 型指针式万用表。其使用方法基本类似，现介绍如下。

1. 测量电阻

电阻测量时不需要区分表笔极性，只需要把红、黑表笔与被测电阻两端连接即可。可根据被测电阻值的大概范围，选择合适的电阻档位进行测量；如果不能预估被测电阻的大小，可以从最大的档位逐渐减小试测。电阻测量的数值等于仪表指针的指示值乘以档位。在测量电阻时，有以下注意事项。

1）每次测量前必须进行欧姆调零，更换量程后也要调零。

2）严禁带电测量被测电阻，如被测电路有电容器，应先将电容器充分放电并断开与被测电阻的连接后方能进行测量。

3）测量高阻值电阻时，不能用手接触导电部分，以免人体电阻的引入而带来测量误差。

4）测量晶体管、电解电容器等有极性元器件的等效电阻时，注意万用表中的电流是从"－"端流出的，即"－"端（黑表笔）为万用表内附电池的正极，"＋"端（红表笔）为内附电池的负极。同时，应将量程选择开关放在×100Ω、×1kΩ档。量程太小，则电流过大可能会烧毁晶体管；量程太大（如×10kΩ档），则电压过高可能会击穿晶体管。

5）不允许用万用表的×1Ω、×10Ω档测量微安表、检流计及标准电池的内阻，以免烧毁可动线圈或打弯指针。

6）测量间歇中，应防止两表笔短接，以免浪费电池能量。

2. 测量电流和电压

1）测量电流时，应将万用表串入电路，如被测量为直流电流时，红表笔接被测对象的正极，黑表笔接被测对象的负极；如被测量为交流电流则不需区分极性。

2）测量电压时，应将万用表并入电路，如被测量为直流电压时，红表笔接被测对象的高电位，黑表笔接低电位；如被测量为交流电压，则不需区分极性。

3）在测试中需旋转功能和量程转换开关时，表笔应离开测试点，避免功能和量程转换开关接触而打火，烧毁功能和量程转换开关。

4）若不知被测对象数值大小，应先将万用表放置在最大量程，然后视指针偏转情况逐步减小量程。

5）在测量 100V 以上的电压时，宜养成单手操作的习惯，即先将黑表笔置于零电位处，再用单手使红表笔去碰触被测端。

6）若被测对象的波形为非正弦波，用一般的万用表测量结果会产生波形误差，此时可用具有测量真有效值功能的万用表（表上一般有"TRUE RMS"真有效值的标识，具有真有效值功能的万用表能准确地实时测量各种波形的有效值，不需考虑波形的参数）。

说明：波形误差是由于一般万用表在设计时，采用的是以正弦波有效值作为刻度，但在测量非正弦波时，因为非正弦波有效值与正弦波有效值不同而产生的误差。

7）测量完毕后，应将万用表的功能和量程转换开关放至交流电压最高档或"＊"档。

8）长期不用的万用表，应将电池取出，以免电池存放过久而变质，漏出的电解液腐蚀电路板。

3. 测量二极管

二极管（包括检波二极管、整流二极管、阻尼二极管、开关二极管、续流二极管）是由一个 PN 结构成的半导体器件，具有单向导电特性。可用万用表检测其正、反向电阻值而判别出二极管的电极，还可估测出二极管是否损坏。

（1）二极管极性的判别

将万用表置于 $R×100Ω$ 档或 $R×1kΩ$ 档，两表笔分别接二极管的两个电极，测出一个结果后，对调两表笔，再测出一个结果。两次测量的结果中，一次测量的阻值较大（为反向电阻），一次测量的阻值较小（为正向电阻）。在阻值较小的一次测量中，黑表笔接的是二极管的正极，红表笔接的是二极管的负极。

（2）二极管好坏的判断

通常，锗材料二极管的正向电阻值为 $1k\Omega$ 左右，反向电阻值为 $300k\Omega$ 左右。硅材料二极管的电阻值为 $5k\Omega$ 左右，反向电阻值为 ∞（无穷大）。通常正向电阻越小越好，反向电阻越大越好。正、反向电阻值相差越悬殊，说明二极管的单向导电特性越好。若测得二极管的正、反向电阻值均接近 0 或阻值较小，则说明该二极管内部已击穿短路或漏电损坏。若测得二极管的正、反向电阻值均为无穷大，则说明该二极管已开路损坏。

4. 测量晶体管

（1）测 NPN 型晶体管

将万用表置于 $R \times 100\Omega$ 或 $R \times 1k\Omega$ 档，把黑表笔接在基极上，将红表笔先后接在其余两个极上，如果两次测得的电阻值都较小，再将红表笔接在基极上，将黑表笔先后接在其余两个极上，如果两次测得的电阻值都很大，则说明晶体管是好的。

（2）测 PNP 型晶体管

将万用表置于 $R \times 100\Omega$ 或 $R \times 1k\Omega$ 档，把红表笔接在基极上，将黑表笔先后接在其余两个极上，如果两次测得的电阻值都较小，再将黑表笔接在基极上，将红表笔先后接在其余两个极上，如果两次测得的电阻值都很大，则说明晶体管是好的。

（3）判断晶体管的极性

当晶体管上标记不清楚时，可以用万用表来初步确定晶体管的好坏及类型（NPN 型还是 PNP 型），并辨别出 e、b、c 三个电极。测试方法如下。

1）判断基极 b 和晶体管的类型：将万用表置于 $R \times 100\Omega$ 或 $R \times 1k\Omega$ 档，先假设晶体管的某极为"基极"并把黑表笔接在假设的基极上，将红表笔先后接在其余两个极上，如果两次测得的电阻值都很小（或约为几百欧至几千欧），则假设的基极是正确的，且被测晶体管为 NPN 型管；同上，如果两次测得的电阻值都很大（约为几千欧至几十千欧），则假设的基极是正确的，且被测晶体管为 PNP 型管。如果两次测得的电阻值是一大一小，则原来假设的基极是错误的，这时必须重新假设另一电极为"基极"，再重复上述测试。

2）判断集电极 c 和发射极 e：仍将万用表置于 $R \times 100\Omega$ 或 $R \times 1k\Omega$ 档，以 NPN 型晶体管为例，把黑表笔接在假设的集电极 c 上，红表笔接到假设的发射极 e 上，并用手捏住 b 和 c 极（不能使 b、c 直接接触），通过人体，相当 b、c 之间接入偏置电阻。读出表头所示的阻值，然后将两表笔反接重测。若第一次测得的阻值比第二次小，说明原假设成立，因为 c、e 间电阻值小，说明通过万用表的电流大，偏置正常。

5. 判断短路、断路、漏电

1）短路就是电源未经过负载而直接由导线接通成闭合回路。电力系统在运行中，相与相之间或相与地（或中性线）之间发生非正常连接（即短路）时而会流过非常大的电流。正常状态下，相与相之间或相与地之间的电阻是非常大的，短路时，其电阻基本为零，此时用万用表测电阻就可以了。

2）断路就是当电路没有闭合开关，或者导线没有连接好，即电路在某处断开。处在这种状态的电路叫作断路，又叫开路。用万用表测量时，其基本特征是电阻无限大。

3）漏电是用电器外壳和市电相线间由于某种原因连通后，因为与地之间有一定的电位差而产生的电流泄漏。检测漏电的最好方法就是用电笔接触带电体，如果氖泡亮一下立刻就熄灭，证明带电体带的是静电；如果氖泡长亮定是漏电无疑。怀疑电路漏电，直接将可能的漏电点对地测电压，如果电压与交流电压接近，就是漏电了。也可以测电阻，但操作起来没有测电压方便。

6. 寻找交流电源的相线

在检修220V交流电源以及安装照明电路时，经常需要找出电源的相线和中性线（俗称零线）。如果身边无验电笔的话，利用一块万用表也可以迅速、准确、安全地找到相线。其具体方法如下。

将万用表拨到交流250V或500V档，第一支表笔接电源的一端，第二支表笔接大地。如果接地良好（例如直接连到水管、暖气片、机床等上面，或者接到比较潮湿的地面上），那么当万用表读数为220V左右时，第一支表笔接的就是电源的相线；如果仪表指针不动，说明第一支表笔接的是中性线。即使接地表笔对地时的接触电阻较大，用另一支表笔接触相线时，指针也会有明显的偏转，据此也能确定其是相线。

7. 判断电容器的好坏及电解电容器的极性

（1）判断电解电容器的极性

将万用表转换开关置于欧姆档 $R \times 1\mathrm{k}\Omega$ 或 $R \times 10\mathrm{k}\Omega$ 位置，进行欧姆调零后，用两表笔分别接触电容器的两端（若测量电解电容器时，黑表笔应接电容器的"＋"极，红表笔应接电容器的"－"极）。

判断电解电容器的极性时，首先测一次电容器的电阻值，然后将电容器短路，释放掉所充电荷，将两表笔对调后再测一次电阻值。根据电解电容器的正向漏电电阻比反向漏电电阻大这一特点可知，测量阻值大时，黑表笔所接为电解电容器的正极，红表笔所接为电容器的负极。

（2）判断电容器的好坏

用万用表欧姆档测量电容器的电阻时，如果电容器电容量在 $1\mu\mathrm{F}$ 以上，则万用表的指针会很快按顺时针方向（$R{\to}0$ 的方向）摆动一下，然后按逆时针方向逐步退回 $R = \infty$ 处，如果指针回不到"∞"位置，则指针所指阻值就是电容器的漏电阻。一般电容的漏电阻很大，约为几十绝缘电阻到几百绝缘电阻，即使是电解电容器也有几绝缘电阻。如果测量结果比上述数值小很多，则说明该电容器漏电严重，不能使用。

在上述测量过程中，万用表的指针摆动幅度越大，说明电容量越大，有时指针甚至会摆过零位。如果接通时指针根本不动，说明该电容器内部开路；如果指针摆到零位后不再返回，则说明该电容器已被击穿。

对于电容量较小（如小于 $0.01\mu\mathrm{F}$）的电容器，一般不能用万用表判断其好坏，而对于电容量较大（如大于 $10\mu\mathrm{F}$）的电容器，应将电容器先放电然后再测量，以防止过大的放电电流损坏表头指针。

5.2.2　数字式万用表的使用

现以 VICTOR VC890D 型数字式万用表为例，介绍数字式万用表的使用。

1. 交、直流电流的测量

根据测量电流的大小选择适当的电流测量的量程和红表笔的插入孔，两表笔与被测电路串联；测量直流时，红表笔接触电压高一端，黑表笔接触电压低的一端，正向电流从红表笔流入万用表，再从黑表笔流出，当要测量的电流大小不清楚的时候，先用最大的量程来测量，然后再逐渐减小量程来精确测量；测量交流时，两表笔不需区分极性。

2. 交、直流电压的测量

红表笔插入 V/Ω 插孔中，根据电压的大小选择适当的电压测量量程，两表笔与被测电路并联；测量直流时，红表笔接触电压高一端，黑表笔接触电压低的一端，当要测量的电压大小不清楚的时候，先用最大的量程来测量，然后再逐渐减小量程来精确测量；测量交流时，两表笔不需区分极性。

3. 电阻的测量

红表笔插入 V/Ω 插孔中，根据电阻的大小选择适当的电阻测量量程，红、黑两表笔分别接触电阻两端，观察读数即可。特别是，测量在路电阻（贴片式电阻器在电路板上时所测得的电阻值）时，应先把电路的电源关断，以免引起读数抖动。禁止用电阻档测量电流或电压（特别是交流 220V 电压），否则容易损坏万用表。

4. 判断电容的好坏

利用电阻档还可以定性判断电容的好坏。先将电容两极短路（用一支表笔同时接触两极，使电容放电），然后将万用表的两支表笔分别接触电容的两个极，观察显示的电阻读数。若一开始时显示的电阻读数很小（相当于短路），然后电容开始充电，显示的电阻读数逐渐增大，最后显示的电阻读数变为 "1"（相当于开路），则说明该电容是好的。若按上述步骤操作，显示的电阻读数始终不变，则说明该电容已损坏（开路或短路）。特别注意的是，测量时要根电容的大小选择合适的电阻量程，例如 47μF 用 20kΩ 档，而 4.7μF 则要用 2MΩ 档等。

5. 二极管导通电压的检测

将量程转换开关转到 "⊣⊢•))" 位置，红表笔接万用表内部正电源，黑表笔接万用表内部负电源。红表笔接被测二极管阳极，黑表笔接被测二极管阴极时，被测二极管正向导通，万用表显示二极管的正向导通电压，单位是 mV。通常好的硅二极管正向导通电压应为 500~800mV，好的锗二极管正向导通电压应为 200~300mV。假若显示 "000"，则说明二极管击穿短路，假若显示 "1"，则说明二极管正向不通。若反接，被测二极管反向截止时应显示 "1"，若显示 "000" 或其他值，则说明二极管已反向击穿。

6. 判断晶体管的好坏以及引脚的识别

将量程转换开关转到 "⊣⊢•))" 位置，可以用来判断晶体管的好坏以及引脚的识

53

别。测量时，先将一支表笔接在某一认定的引脚上，另外一支表笔则先后接到其余两个引脚上，如果这样测得两次均导通或均不导通，然后对换两支表笔再测，两次均不导通或均导通，则可以确定该晶体管是好的，而且可以确定该引脚就是晶体管的基极。若是用红表笔接在基极，黑表笔分别接在另外两极均导通，则说明该晶体管是 NPN 型，反之，则为 PNP 型。

7. 短路（通断）**检测**

将量程转换开关转到"$\rightarrow\!\!\!\mapsto\cdot_{\bullet\bullet)}\!))$"位置，两表笔分别接测试点，若有短路（电阻约小于70Ω），则蜂鸣器会响。

思考与练习5

思考与练习5

一、判断题

1. 使用模拟万用表测量直流电压，两只表笔并联接入电路。 （　　）

2. 用万用表测电阻更换档位时不需要重新调零。 （　　）

3. 用万用表可以判断晶体管的极性。 （　　）

二、选择题

1. 万用表的转换开关是实现（　　　）。

A. 各种测量种类及量程的开关

B. 万用表电流接通的开关

C. 接通被测物的测量开关

2. 用万用表测 15mA 的直流电流，应选用（　　　）电流档。

A. 10mA　　　　　　B. 25mA　　　　　　C. 50mA　　　　　　D. 100mA

3. 如果当万用表的 $R\times1\text{k}\Omega$ 档测量一个电阻，表针指示值为 3.5，则电阻为（　　　）。

A. 3.5Ω　　　　　　B. 35Ω　　　　　　C. 350Ω　　　　　　D. 3500Ω

4. 万用表欧姆档的中心值为 15Ω，则（　　　）。

A. 有效测量范围为 0～20Ω　　　　　　B. 有效测量范围为 0.15～1500Ω

C. 有效测量范围为 1.5～150Ω　　　　　D. 有效测量范围为 1～15Ω

5. 在使用万用表欧姆档时，（　　　）。

A. 若同时测量几只电阻，且阻值差异很大，只需第一次调零

B. 测量停止时，两表笔不能短路，主要是空耗表内电池能量

C. 测量停止时，两表笔不能短路，主要是烧坏表头

D. 测量高阻值电阻时，可以用手接触导电部分

三、简答题

1. 简要列举万用表的用途（5 种以上）。

2. 简述万用表测量电阻的测量方法。

3. 简述万用表检测二极管导通电压的方法。

06

项目6

钳形电流表及频率表的使用

▶**学习导入:**

在使用一般的交、直流电流表或用万用表测量电流时,需要将被测电路断开,把电流表或万用表的红、黑表笔串联入被测电路中,才能测量电流。在很多情况下,不方便甚至无法测量电流(例如,测量正在运行的供配电柜以及正在运行的电动机的工作电流);若使用钳形电流表对被测电路进行电流测量,就方便多了,它可以在不断开电路的情况下进行电流的测量。钳形电流表的最大优点是作为手持式仪器不用接线,可在线检测,测量更方便,广泛应用在电力、能源、交通、电梯等行业。频率表多用于电力电网、自动化控制系统中,主要测量电网中的频率参量。本项目就钳形电流表和频率表的结构、工作原理、测量使用方法等内容进行阐述。

项目6 钳
形电流表及
频率表的
使用

任务 6.1　认知钳形电流表

知识目标

1）认知钳形电流表的基本结构和工作原理。
2）认知钳形电流表的分类。

素养目标

1）培养学生探究学习的能力。
2）培养学生电工操作的职业素养。
3）培养学生严谨的工匠精神。

知识课堂

6.1.1　钳形电流表概述

钳形电流表（Clamp Ammeter）又称钳形表、钳表或卡表，是一种测量电气电路中电流大小的仪表。与电流表和万用表相比，钳形电流表的优点是在测电流时不需要断开电路。

根据数据显示方式不同，钳形电流表可分为指针型钳形电流表和数字式钳形电流表两大类。指针型钳形电流表是利用内部电流表的指针摆动来指示被测电流的大小；数字型钳形电流表是利用数字测量电路将被测电流处理后，将电流大小以数字的形式在显示器上显示出来。

6.1.2　指针式钳形电流表的基本结构与工作原理

根据测量电流的不同指针式钳形电流表分为测量交流电流的钳形电流表和交直流两用的钳形电流表两类。

测量交流电流的钳形电流表主要由电流互感器、电流表、功能和量程转换开关及测量电路组成，如图 6-1 所示。其互感器的铁心有一活动部分在钳形表的上端，并与手柄相连，使用时按动手柄使活动铁心张开，将被测电流的导线放入钳口中，然后松开手柄使铁心闭合，此时载流导体相当于互感器的一次绕组，铁心中的磁通在二次绕组中产生感应电流，通过整流电路之后使电流表指示出被测电流的数值。

交直流电流两用的钳形电流表由电磁系测量机构组成，如图 6-2 所示。在铁心口中的被测电流导线相当于电磁系测量机构中的线圈，在铁心内部产生磁场。位于铁心缺口中间的可动铁片受此磁场作用而偏转，从而带动指针指示出被测电流的数值。

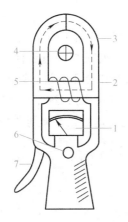

图6-1 交流钳形电流表结构示意图

1—电流表 2—铁心 3—电流互感器 4—被测导线
5—二次绕组 6—功能和量程转换开关 7—手柄

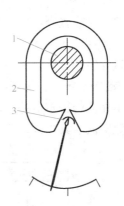

图6-2 交直流两用的钳形电流表结构示意图

1—被测导线 2—磁路系统 3—可动铁片

6.1.3 数字式钳形电流表的基本结构与工作原理

数字式钳形电流表主要由互感器式钳头或霍尔式钳头（包括固定钳口、活动钳口以及霍尔磁传感器）、钳口扳机、功能和量程转换开关、测量电路和数字式电压基本表（DVM）等组成。其中测量电路包括了各种功能转换器，其作用是将被测的各种电参量转换为能被数字式电压表接收的微小直流电压信号。

1. 互感器式钳头数字式钳形电流表

互感器式钳头数字式钳形电流表的结构、原理及作用与指针式钳形电流表的钳头一样，穿过钳口（即铁心）的被测电路导线就成为电流互感器的一次线圈，其中通过电流时，便在二次线圈中感应出电流，感应出的电流，通过电流电压转换电路转换为电压信号，并通过修正电路以及模/数转换电路转换为数字信号，最终通过显示模块，显示出被测电流的大小，这种钳头只可检测交流电流。其内部结构原理图如图6-3所示。

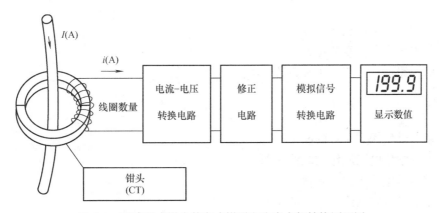

图6-3 互感器式钳头数字式钳形电流表内部结构原理图

2. 霍尔式钳头数字式钳形电流表

将钳形铁心做成张合结构，将霍尔传感器（以霍尔效应为其工作基础，可以检测磁场及其变化）置于钳形冷轧硅钢片的空隙中，将钳形铁心夹在被测电流流过的导线外，当有电流流过导线时，就会在钳形铁心中产生磁场。其大小正比于流过导线电流的安匝数（安匝数是磁动势的单位，等于线圈匝数与通过线圈电流的乘积），这个磁场作用于霍尔元件，感应出相应的霍尔电势，即可测出其中流过的电流。这种钳头既可检测交流电流，也可检测直流电流。其内部结构原理图如图 6-4 所示。

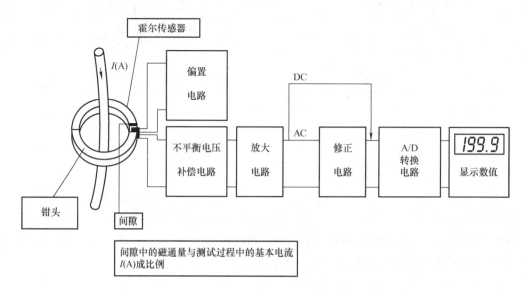

图 6-4　霍尔式钳头数字式钳形电流表内部结构原理图

任务 6.2　钳形电流表的使用

知识目标

1）掌握钳形电流表选型方法。
2）掌握钳形电流表测量方法。
3）掌握钳形电流表的正确读数方法。

素养目标

1）培养学生探究学习的能力。
2）培养学生电工操作的职业素养。
3）培养学生严谨的工匠精神。
4）培养学生团队沟通协作的能力。

知识课堂

6.2.1 钳形电流表选型

钳形电流表选型原则如下。

1）根据被测电流的种类、电压等级正确选择钳形电流表，被测电路的电压要低于钳形电流表的额定电压。测量高压电路的电流时，应选用与其电压等级相符的高压钳形电流表，低电压等级的钳形电流表只能测低压系统中的电流，不能测量高压系统中的电流。

2）钳形电流表准确度的高低，是否能满足电流测量准确度的需要。钳形电流表的准确度主要有2.5级、3.0级、5.0级等几种，应根据测量技术要求和实际情况选用。

3）钳形电流表量程很宽，从几安培到几千安培，应选择适当的量程。不能用小量程测量大电流，否则表会烧坏；也不能用大量程测小电流，否则会出现较大的测量误差。

4）选表时看下钳形电流表的功能是纯交流还是交、直流，是否具有其他的功能，如电压、电阻、小电流功能等，能否满足测量的需求。

5）钳形电流表钳口的大小要适宜。如果测量的是粗导线，则选择的钳口要大一些。如果测量缝隙比较狭窄，则可以选择钳口比较小的。

6.2.2 钳形电流表的操作

1. 指针式钳形电流表的使用

（1）准备工作

在使用钳形电流表测量前，要做好以下准备工作。

1）安装电池。早期的钳形电流表仅能测电流，不需安装电池，而现在的针形表不但能测电流电压，还能测电阻，因此要求表内安装电池。安装电池时，打开电池盖，将大小和电压值符合要求的电池装入钳形表的电池盒，安装时要注意电池的极性与电池盒标注相同。

2）机械校零。将钳形电流表平放在桌面上，观察表针是否指在电流刻度线的"0"刻度处。若没有，可用螺钉旋具调节刻度盘下方的机械校零旋钮，将表针调到"0"刻度处。

3）安装表笔。如果仅用钳形电流表测电流，可不安装表笔；如果要测量电压和电阻，则需要给钳形电流表安装表笔。安装表笔时，红表笔插入标"＋"的插孔，黑表笔插入标"－"或标"COM"的插孔。

（2）测电流具体步骤

使用指针式钳形电流表测电流时，一般按以下操作步骤进行。

1）估计被测电流大小的范围，选取合适的电流档。选择的电流档应大于被测电流，若无法估计电流范围，可先选择大电流档测量，测得偏小时再选择小电流档。

2）钳入被测导线。在测量单相负载（即负载供电方式为一零一相）时，按下钳形电流表上的扳手，张开铁心，钳入一根导线，如图 6-5a 所示，表针摆动，指示导线流过的电流大小。不能将两根导线同时钳入，图 6-5b 所示的测量方法是错误的。这是因为两根导线流过的电流大小相等，但方向相反，两根导线产生的磁场方向是相反的，相互抵消，钳形电流表测出的电流值将为 0，如果不为 0，则说明两根导线流过的电流不相等，负载存在漏电（一根导线的部分电流经绝缘性能差的物体直接流入地，没有全部流到另一根线上），此时钳形电流表测量值为漏电电流值。

3）读数。在读数时，观察并记下表针指在"AC A（交流电流）"刻度线的数值，再配合档位数进行综合读数。例如在图 6-5a 所示的测量中，表针指在"AC A"刻度线的 3 处，此时档位为"50A"档，读数时要将"AC A"刻度线最大值 5 看成 50，3 则为 30，即被测导线流过的电流值为 30A。

如果被测导线的电流较小，可以将导线在钳形电流表的铁心上绕几圈再测量，测量结果除以所绕圈数，即为被测导线的电流值。如图 6-6 所示，将导线在铁心绕了 2 圈，这样测出的电流值是导线实际电流的 2 倍，表针指在 3 处，档位开关置于"5A"，则导线的实际电流应为 3A/2 = 1.5A。

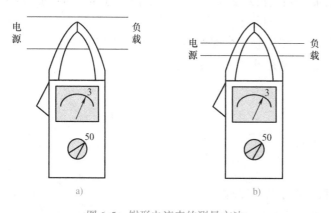

图 6-5 钳形电流表的测量方法
a）正确的测量方法 b）错误的测量方法

图 6-6 测量小电流的方法

现在的大多数指针式钳形电流表除了能测量电流外，还能像万用表一样测电压和电阻。钳形电流表在测电压和电阻时，需要安装表笔，用表笔接触电路或元器件来进行测量，具体测量方法与万用表一样，这里不再叙述。

2. 数字式钳形电流表使用方法

数字式钳形电流表与指针式钳形电流表的使用方法基本相同，不同的主要是读数方式。在使用数字式钳形电流表前，要给它安装合适的电池。没安装电池的钳形电流表是无法工作的，既不能测电流，也无法测电压和电阻。数字式钳形电流表的使用方法如下：

1）估计被测电流的大小，选择合适的档位。选择原则与指针式钳形电流表相同。

2）测量时钳入一根导线。

3）直接从显示器上读出电流大小。读数时要注意显示器数值的小数点，数值的单位与所选电流档的单位应一致，如选择为"~400A"档，显示器显示的数值为 036.8，那么被测电流的大小应为 36.8A。读数时，若显示器上的数值大小变化，待变化稳定后选中间值读出。

数字式钳形电流表一般还具有测量电阻、电压的功能。如果使用数字式钳形电流表测电压和电阻时，需要给它安装表笔，用表笔接触被测电路和元器件进行测量，具体测量方法与万用表一样，这里不再叙述。

6.2.3　钳形电流表使用注意事项

因为钳形电流表是测量大电流的设备，所以既要考虑准确性，还要考虑安全性。平时应多巡检，发现问题及时送计量部门重新校准。在使用过程中应该注意以下问题。

1）测量前需检查有无检定合格证，再检查是否已超出检定周期。钳形电流表属于强检仪表，检定周期为一年，使用单位必须按时送至国家技术监督部门核准的具有检定资格的部门进行检定。检定具有法律效力，检定是保证量值传递的强制性法律规定，也是确保钳形电流表技术性能满足标准要求的技术手段。检查钳口上的绝缘材料（橡胶或塑料）有无脱落、破裂等现象；包括表头玻璃在内的整个外壳不得有开裂和破损现象，因为钳口绝缘和仪表外壳的完好与否，直接关系到测量安全及仪表的性能问题。

2）在使用钳形电流表前，要清楚被测电路电压大概值，确认它是否低于钳形电流表的额定电压，这关系到测量人员的人身安全和测量设备的安全。如果测量的是高压电路的电流，就需要戴绝缘手套、穿绝缘鞋、垫绝缘垫等保护措施。用高压钳形电流表测量时，应由两人操作，测量时应戴绝缘手套，站在绝缘垫上，不得触及其他设备，以防止短路或接地。

3）由于钳形电流表要接触被测电路，所以钳形电流表不应测量裸导体的电流。如果一定要测就必须采取更严格的绝缘措施。因为钳形电流表在电源的高端进行检测时，如果绝缘不好，电压接触到人体就会与地之间形成一个回路，造成生命危险。

4）如果在测量时听到钳口发出的电磁噪声，或者握住钳形电流表的手有轻微振动的感觉，就说明钳口的端面结合不严密，也可能是有锈斑，或者是有污垢，应该立即清洁干净，否则就会造成测量不准确。

5）不能在带电测量时转换量程，变换量程时，必须先将钳口打开，将被测导线退出钳口，不允许在测量过程中变换量程，否则钳形电流表容易损坏，而且测量人员也不安全。

6）不能用钳形电流表测量带屏蔽的导线，因为带屏蔽的导线电流感应的磁场不能透过屏蔽层传递到被测钳形电流表铁心，所以无法进行准确测量。

7）测量前应根据被测电路的电流大小，选择相应的测量量程。当被测电流难以估算时，应将量程开关置于最大测量量程，而后逐档减少至合适量程。

8）测量时，尽量将被测导线置于钳形窗口中央，并垂直于钳口，钳口必须闭紧。钳形电流表每次只能测量一相导线的电流，不可以将多相导线都夹入钳口测量。

9）如果被测电流较小，为使读数准确，条件许可时，可将被测导线在钳口多绕几圈，测量结果除以所绕圈数，即为被测导线的电流值。

10）读数后，将钳口张开，将被测导线退出，然后置于电流最高档或"OFF"档。

任务 6.3　认知频率表

知识目标

1）认知频率表的基本结构和工作原理。

2）认知频率表的分类。

素养目标

1）培养学生探究学习的能力。

2）培养学生电工操作的职业素养。

3）培养学生严谨的工匠精神。

知识课堂

6.3.1　频率表概述

频率表是指测量频率参量的专用仪表，多用于电力电网、自动化控制系统中测量工频电网的频率。根据数值显示方式的不同，频率表分为指针式频率表和数字式频率表两大类。

6.3.2　频率表的基本结构和工作原理

1. 指针式频率表

指针式频率表内部测量机构按工作原理不同可分为电动系、铁磁电动系和属于整流变换器式频率表等类型。生产现场用来监测频率用的安装式频率表，大多是采用铁磁电动系电表的测量机构，其内部结构原理图如图6-7所示。

从图6-7可以看出，铁磁电动系频率表的测量机构中电路带有铁心的固定线圈与电感器L、电容器C组成的串联谐振电路，通常被调整在标尺的中间频率（例如50Hz）时谐振。可动部分由两个线圈组成，其中动圈1与电容器C_1串联后与谐振电路并联，接通电源时，产生转动力矩；动圈2与电阻器R_2、电感器L_2构成闭合回路通入电流时，产生反作用力矩。当被测频率等于标尺中间频率时，谐振电路发生谐振，这时固定线圈中的电流与动圈1中电流相位夹角$\theta = 90°$，因而转动力矩$M = 0$。于是可动部分在动圈2力矩的作用下，使指针指在标尺的中间频率（例如50Hz）的刻度上。当被测频率偏离中间频率时，谐振条件被破坏，转动力矩不再为零，可动部分发生偏转，直到转动力矩与反抗力矩平衡时为止，可动部分将停在与被测频率对应的新位置上。改变串联谐振电路的参数，可以获得不同的频率量程。

2. 数字式频率表

频率表一般由频率/电压（f/U）转换器和数字式电压表配合组成。f/U转换器的作用是将被测频率信号转换成直流电压,然后送入数字式电压表进行测量,图6-8为数字式频率表的构成原理示意图。

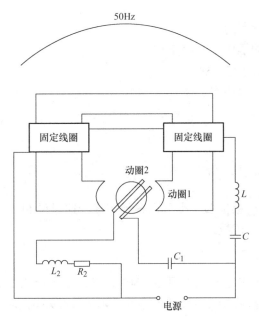

图6-7　铁磁电动系频率表内部结构原理图

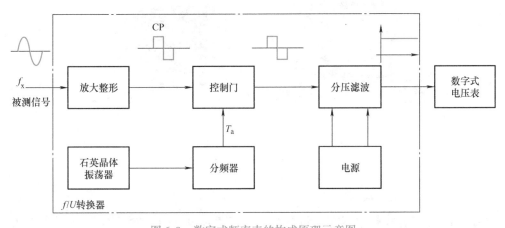

图6-8　数字式频率表的构成原理示意图

从图6-8可以看出,被测信号 f_x 经放大整形后成为计数脉冲CP,被送到控制门。由石英晶体振荡器分频后输出时间基准信号 T_a,并打开控制门。如果控制门打开的时间正好是1s,则通过控制门送入计数器脉冲CP的个数就是被测信号的频率。

任务6.4　频率表的使用

知识目标

1) 掌握频率表测量接线方法。

2）掌握频率表测量频率的正确读数方法。

素养目标

1）培养学生探究学习的能力。
2）培养学生电工的操作职业素养。
3）培养学生严谨的工匠精神。
4）培养学生团队沟通协作的能力。

知识课堂

6.4.1 指针式频率表的使用

指针式频率表生产厂家很多，类型也多种多样，这里以 6L2 - Hz 型指针式频率表为例，讲解它的测量接线和读数。

1. 6L2 - Hz 型指针式频率表外观

6L2 - Hz 型指针式频率表额定电压为 380V，准确度等级为 2.5 级，放置方式为垂直放置。仪表背后有两个接线端子，测量时不区分极性。其外观如图 6-9 所示。

图 6-9 6L2 - Hz 型指针式频率表外观
a）仪表正面 b）仪表反面

2. 6L2 - Hz 型指针式频率表测量接线

6L2 - Hz 型指针式频率表在测量接线时，其背后两个接线端子不需区分极性，只用把背后的两个接线端子，通过导线连接任意两个不同的相线即可。这里以 U 相和 V 相两根相线为例，演示它的接线位置，如图 6-10 所示。

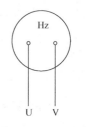

图 6-10 6L2 - Hz 型指针式频率表接线示意图

6.4.2 数字式频率表的使用

1. HX194F - 1X1 型数字式频率表外观

根据数字式频率表生产厂家的不同，其型号也多种多样。这里以 HX194F - 1X1 型数字式频率表为例。HX194F - 1X1 型数字式频率表有 16 个接线端子，在实际使用时只用到

4 个接线端子，其余为备用端子。其外观如图 6-11 所示。

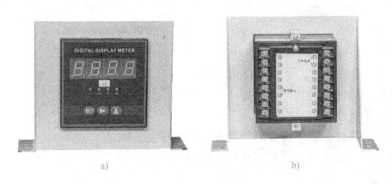

图 6-11　HX194F‑1X1 型数字式频率表外观

a）前面板　b）后面板

2. HX194F‑1X1 型数字式频率表测量接线

HX194F‑1X1 型数字式频率表在接线时，只需接 4 个端子就可以了，其中它的 1、2 端子为电源端子，由于该设备为单项设备，在接线时，1、2 端子需要接一个零线和一个相线即可；它的 13 和 14 端子为测量端子，测量时，需要把 13 和 14 端子接两根不同的相线，这里以 U 相和 V 相为例，说明它的接线位置。具体接线如图 6-12 所示。

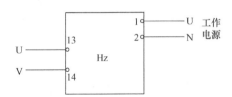

图 6-12　HX194F‑1X1 型数字式频率表接线示意图

3. 注意事项

数字型频率表在使用时应注意以下事项。

1）按照要求接通频率表电源（一般为交流 220V），将测量输入端和被测频率信号（幅值不超过输入端的额定电压，一般为交流 380V）接通，即可进行测量，数据稳定后读取。

2）被测信号与数字式频率表的连接应尽量采用带屏蔽的导线，避免外来信号干扰。

思考与练习6

思考与练习6

一、判断题

1. 钳形电流表的最大缺点是易受电磁干扰。　　　　　　　　　　　　　（　　）
2. 电磁系钳形电流表可以测量运行中的绕线式异步电动机的转子电流。　（　　）
3. 钳形电流表可以测量直流电流。　　　　　　　　　　　　　　　　　（　　）

二、选择题

1. 钳形电流表的优点是 (   )。

A. 准确度高   B. 灵敏度高

C. 可以交、直流两用   D. 可以不断开电路电流

2. 使用钳形电流表时，下列操作错误的是 (   )。

A. 测量前先估计被测量的大小

B. 测量时导线放在钳口中央

C. 测量小电流时，容许将被测导线在钳口内多绕几圈

D. 测量完毕，可将量程开关置于任意位置

三、简答题

1. 简述钳形电流表的选型方法。

2. 简述数字式钳形电流表的使用方法。

3. 钳形电流表使用注意事项主要有哪些？

4. 简述频率表的使用方法。

07

项目7

绝缘电阻表的使用

▶**学习导入:**

　　电气设备绝缘性能的好坏，关系到电气设备的正常运行和操作人员的人身安全。为了防止绝缘材料由于发热、受潮、污染、老化等原因所造成的损坏，为了检查修复后的设备绝缘性能是否达到规定的要求，需要经常测量其绝缘电阻，而测量绝缘电阻必须用到专用的设备绝缘电阻表。本项目就绝缘电阻表的结构、工作原理、测量使用方法等内容进行阐述。

项目7　绝缘电阻表的使用

任务 7.1　认知绝缘电阻表

知识目标

1）认知绝缘电阻表的基本结构和工作原理。
2）认知绝缘电阻表的分类。

素养目标

1）培养学生探究学习的能力。
2）培养学生电工操作的职业素养。
3）培养学生严谨的工匠精神。

知识课堂

7.1.1　绝缘电阻表概述

绝缘电阻表（又称为绝缘电阻表）俗称摇表，是专门用来检测电气设备、供电线路中绝缘电阻的一种便携式仪表。

通常测量的绝缘电阻是指带电部分与外露非带电金属部分（外壳）之间的绝缘电阻，按不同的产品，施加一个直流高压，如 100V、250V、500V、1000V 等，规定一个最低的绝缘电阻值作为标准值。如果测得的绝缘电阻值低于标准值，说明绝缘结构中可能存在某种隐患或受损，容易引起安全事故，所以绝缘电阻的测量对于保证电气设备质量，保护工作人员和运行设备的安全具有重要意义。因此，绝缘电阻表被国家列为实行强制检定的计量器具。各种电压等级的电气设备和线路的绝缘电阻大小都有具体的规定，一般来说，绝缘电阻越大，绝缘性能越好。

为什么绝缘电阻不能用万用表的欧姆档测量呢？因为绝缘电阻的阻值比较大，在几十绝缘电阻姆以上，万用表在测量电阻时的电源电压很低（9V 以下），在低电压下呈现的电阻值，并不能反映出在高电压作用下的绝缘电阻的真正数值。因此，绝缘电阻须用备有高压电源的绝缘电阻表来进行测量。

7.1.2　绝缘电阻表分类

根据操作方式及数据显示方式的不同，绝缘电阻表主要分为手摇式（指针式）和数字式绝缘电阻表两大类。

1. 手摇式（指针式）绝缘电阻表

一般通过指针在刻度线上的偏转位置读取数据，测试电压范围为 100～2500V，量程上限达 2500MΩ，应用广泛。但操作费力，测量准确度低（受手摇速度、刻度非线性、倾斜角度影响），输出电流小，抗反击能力弱，不适合变压器等大型设备的测量。但因其价格低廉，仍有一定市场。

2. 数字式绝缘电阻表

测量电路中有了集成电路以后，数字式绝缘电阻表应用的越来越广泛。单片机的发展使得数字式绝缘电阻表又更加智能化，计时、计算、储存一并完成。测试电压从 5000V 到 10 000V，甚至达到 15 000V，绝缘电阻的测量上限达到 100TΩ 以上，有自放电回路，抗反击能力强，在电力系统得到广泛应用。

7.1.3　绝缘电阻表的基本结构和工作原理

下面分别介绍手摇式（指针式）和数字式绝缘电阻表两类绝缘电阻表的基本结构和工作原理。

1. 手摇式（指针式）绝缘电阻表的基本结构和工作原理

手摇式（指针式）绝缘电阻表的种类很多，但其结构都基本相同，都是由比率型磁电系测量机构和手摇发电机两部分组成的。

（1）比率型磁电系测量机构

比率型磁电系测量机构的内部构成如图 7-1 所示，可动部分装有两个可动线圈 2、3，一个产生转动力矩，另一个产生反作用力矩。两个可动线圈固定装在同一个转轴上，在转轴上还装有无力矩盘形导流游丝，电路中的电流通过导流游丝，引入可动线圈。其固定部分由永久磁铁、极掌、铁心等部件组成。为了使转矩和偏转角有关，必须使空气隙内的磁场分布不均匀，所以内部铁心采用带缺口的结构。当可动线圈在磁场中转动时，可动线圈 2 用来产生转动力矩，由于两个线圈绕向相反而力矩相反，可动线圈 3 用来产生反作用力矩，当两个力矩平衡时，指针静止。可动部分的偏转角度 α 只取决于两个可动线圈中电流 I_1 与 I_2 的比值，而与其他因素无关。比率型磁电系测量机构的指示值取决于两线圈电流的比值，所以通常又称其为比率表或流比计。

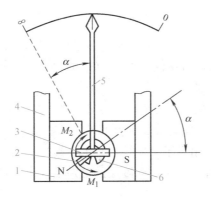

图 7-1　比率型磁电系测量机构的内部构成

1—极掌　2，3—可动线圈　4—永久磁铁　5—指针　6—铁心

（2）手摇发电机

手摇直流发电机一般由发电机、摇动手柄、传动齿轮等组成，其结构如图 7-2 所示。发电机的容量很小，但能产生较高的电压。常见的电压等级有 100V、250V、500V、

1000V、2500V 等。发电机发出的电压越高，绝缘电阻值的测量范围越大。

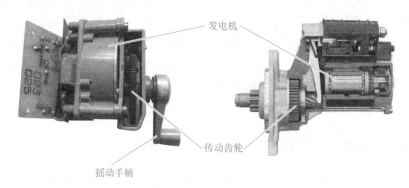

图 7-2　手摇发电机内部结构示意图

绝缘电阻表的测量电路原理图如图 7-3 所示，手摇式（指针式）绝缘电阻表内部的比率型磁电系测量机构，手摇发电机以及可动线圈 1、2，附加电阻 R_V 等构成了两个回路。其指针偏转角 α 和被测电阻 R_x 之间的关系如下式所列。

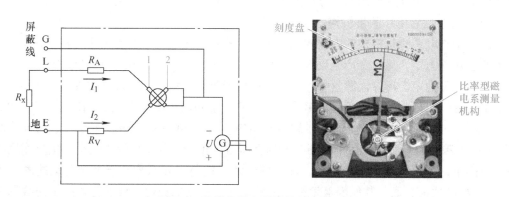

图 7-3　绝缘电阻表的测量电路原理图

$$\alpha = f\left(\frac{I_1}{I_2}\right) = f\left(\frac{R_V + r_2}{R_x + R_A + r_1}\right) = f(R_x)$$

式中，R_V 为附加电阻，R_A 为限流电阻，r_1 和 r_2 为动圈内阻，这 4 个电阻均为常数；R_x 为被测电阻。测量时指针偏转角 α 仅与 R_x 有关，就是指针偏转角 α 能够直接反映出被测电阻大小。

当被测电阻 $R_x = 0$ 时，相当于 L（线）与 E（地）两端子短接，此时，电流 I_1 最大，可动部分的偏转角 α 也最大，指针偏转到标度尺的最右端。

当被测电阻 $R_x = \infty$ 时，相当于 L（线）与 E（地）两端子开路，此时，电流 $I_1 = 0$，可动部分在 I_2 的作用下，指针偏转到标度尺的最左端。由此可见，绝缘电阻表的标度尺是反向刻度的。

从式(7-1) 也可知，指针偏转角 α 和被测电阻 R_x 并不是直接的正比或者是反比关系，所以绝缘电阻表的标度尺的刻度也是不均匀的。

2. 数字式绝缘电阻表的基本结构和工作原理

数字式绝缘电阻表的工作过程为：经按键操作，启动直流高压电源给被测对象供电，通过电阻分压器取得电压取样信号，通过与被测对象串联的电阻得到电流取样信号，电流和电压信号经信号处理，通过 A/D 转换装置送入微处理器进行数据处理，并将处理结果传送给显示屏显示，完成整个测量过程。同时这些参数还可以通过 RS–232 或 USB 接口输出到计算机进行处理和保存。数字式绝缘电阻表还有放电回路，能自动对被测对象放电，不怕被测对象电流反击。其内部构成原理如图 7-4 所示。

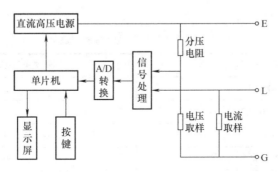

图 7-4　数字式绝缘电阻表内部构成原理

任务 7.2　绝缘电阻表的操作

知识目标

1）掌握绝缘电阻表选型方法。
2）掌握绝缘电阻表测量方法。
3）掌握绝缘电阻表正确读数方法。

素养目标

1）培养学生探究学习的能力。
2）培养学生电工操作的职业素养。
3）培养学生严谨的工匠精神。
4）培养学生团队沟通协作的能力。

知识课堂

数字式绝缘电阻表使用和操作比较简单，根据型号不同，可以参考厂家具体的说明书，这里不再赘述，本书主要讲述指针式绝缘电阻表的使用。

7.2.1　绝缘电阻表选型

选择绝缘电阻表的原则，一是其额定电压一定要与被测电气设备或线路的工作电压相适应；二是绝缘电阻表的测量范围也应与被测绝缘电阻的范围相符合，以免引起大的读数误差。例如，测量高压设备的绝缘电阻，须选用电压高的绝缘电阻表。如瓷绝缘子的绝缘电阻一般在 10MΩ 以上，至少需用 2500V 以上的绝缘电阻表才能测量，否则，测量结果不能反映工作电压下的绝缘电阻。同样，不能用电压过高的绝缘电阻表测量低电压电气设备的绝缘电阻，以免设备的绝缘受到损坏。

绝缘电阻表的常用规格有 500V、1000V、2500V、5000V 等级。选用绝缘电阻表时，当被测设备的额定电压在 500V 以下时，选用 500V 或 1000V 的绝缘电阻表；而额定电压在 500V 以上的被测设备，选用 1000V 或 2500V 的绝缘电阻表。表 7-1 是绝缘电阻表选用参考表。

表 7-1   绝缘电阻表选用参考表

被测设备工作电压/V	选用绝缘电阻表的电压等级/V
10 000 以上	5000
3000 ~ 10 000	2500
500 ~ 3000	1000
100 ~ 500	500
100 以下	250

7.2.2   测量前准备

绝缘电阻表在工作时，自身产生高电压，而测量对象又是电气设备，所以必须正确使用，否则就会造成人身或设备事故。使用前，首先要做好以下各种准备。

1）测量前必须将被测设备的电源切断，并对地短路放电，决不允许设备带电进行测量，以保证人身和设备的安全。

2）对可能感应出高压电的设备，必须消除这种可能性后，才能进行测量。

3）设备外观检查：主要检查外壳、摇柄、测试导线、接线柱、刻度盘等。被测物外观检查：被测物表面要清洁，减少接触电阻，确保测量结果的正确性。

4）测量前要检查绝缘电阻表是否处于正常工作状态，主要检查其开路和短路状态，即 "0" 和 "∞" 两点。开路检查：将 L、E 两端钮分开，顺时针摇动手柄，使发电机达到 120r/min 的额定转速，指针应指在 "∞" 位置；短路检查：将 L、E 两端钮短接，缓慢摇动手柄，指针应指在 "0" 位置。其操作示意如图 7-5 所示。经过短路和开路检查验证，没有问题之后才可以测量使用。

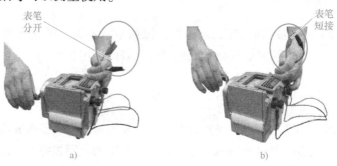

表笔分开   表笔短接

a)   b)

图 7-5   绝缘电阻表开路及短路检查操作示意

a）开路检查   b）短路检查

5）绝缘电阻表使用时应放在平稳、牢固的地方，且远离大的外电流导体和外磁场。

做好上述准备工作后就可以进行测量了，在测量时，还要注意绝缘电阻表的正确接线，否则将引起不必要的误差甚至错误。

7.2.3　接线原则

绝缘电阻表有3个接线端子，分别是 L（线）、E（地）和 G（屏蔽端子或保护环），其结构和接线端子如图7-6所示。测量时，L 接被测设备的待测导体部分，E 接设备的外壳（测量两绕组的相间绝缘时也可接另一导体）；当被测对象表面不干净或潮湿时，应使用 G（屏蔽）端子接被测物的屏蔽环。

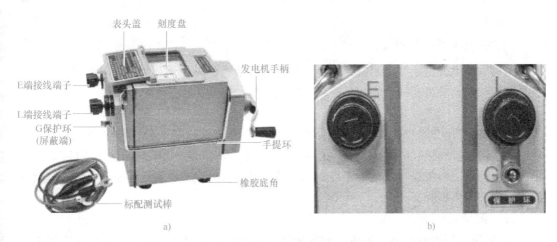

图 7-6　绝缘电阻表结构和接线端子

a）绝缘电阻表结构示意图　b）绝缘电阻表接线端子

7.2.4　绝缘电阻表的测量

1. 测量电缆绝缘电阻

测量电缆绝缘电阻的目的是：检查电缆的绝缘材料绝缘性能的情况，以及电缆内各相对地及各相之间是否短路，以保障供电网络的安全运行。

（1）接线

测量电缆内某一相导体对地的绝缘电阻时，将绝缘电阻表 E（地）端子与接地线或电缆表皮相连接，将 L（线）端子与电缆一相导体相连接，对表面不干净或潮湿的电缆进行绝缘电阻的测量时，因为绝缘体表面有泄漏电流，会影响测量的准确性或无法判断电缆内部绝缘的好坏时，可将绝缘电阻表 G（屏蔽）端子与该相的绝缘层或屏蔽层相连接，将表面的影响消除。其接线方式如图7-7所示。

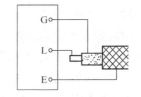

图 7-7　绝缘电阻表测量电缆绝缘
电阻接线方式

（2）测试

顺时针转动绝缘电阻表发电机手柄，使转速达到并保持 120r/min 转速，切忌忽快忽慢，等指针稳定后再读数。记录下该相导体对地的绝缘电阻值。读取绝缘电阻值后，应一边慢摇，一边断开绝缘电阻表 L（线）端子与电缆某相导体之间的连接，然后停止转动发电机手柄，再断开绝缘电阻表 E（地）端子与接地线或金属屏蔽层的连接，其目的是避免电缆线路上剩余电荷的反冲造成绝缘电阻表损坏。将电缆充分放电后，再按上述步骤测试电缆其他两相导体对地的绝缘电阻值。

测量电缆导体之间的绝缘电阻时，方法步骤不变，只是接线时绝缘电阻表 L（线）、E（地）端子分别与电缆的两相导体（如先测量 A、B 两相）相连接，将绝缘电阻表 G（屏蔽）端子与电缆的铜屏蔽相连接，测量完 A、B 两相电缆导体之间的绝缘电阻后，再测量 A、C 相（或 B、C 相）之间的绝缘电阻，最后再测量 B、C 相（或 A、C 相）之间的绝缘电阻。

2. 测量电动机绝缘电阻

测量电动机绕组绝缘电阻的目的是：检查绕组绝缘材料受潮和受污染的情况，以及绕组与机壳和三相绕组相间是否短路，以保障电动机的安全运行。

（1）接线

测量电动机相间绝缘电阻时，绝缘电阻表的 L 端子和 E 端子分别与电动机两不同相绕组的接线端子相接；测量电动机绕组对地（外壳）的绝缘电阻时，绝缘电阻表 L 端子依次与电动机三相绕组接线端子连接，E 端子接电动机外壳（无绝缘漆覆盖部分）。具体接线示意如图 7-8 所示。

（2）测量

1）对电动机进行停电、放电、验电处理：对正在运行的电动机应先停电（大型电动机还需用放电棒对电动机进行对地放电），用验电笔确认无电后，再进行测量。

2）打开电动机接线盒盖，测量三相绕组相间的绝缘电阻：测量电动机各三相绕组相间的绝缘电阻，要分别测量 U－V、V－W、W－U 之间的绝缘电阻，共需要测量 3 次。测量绕组对外壳的绝缘电阻：分别测量三相绕组对外壳的绝缘电阻，也需要测量 3 次。测量时顺时针手摇发电机手柄，应由慢渐快摇到 120r/min 转速左右，并尽量保持匀速，等指针稳定后再读数。

3）正确读取被测绝缘电阻值大小。同时，还应记录测量时的温度、湿度、被测设备的状况等，以便于分析测量结果。

7.2.5　测量时的注意事项

测量时的注意事项如下。

1）摇动绝缘电阻表的发电机手柄，转速要均匀，一般为 120r/min，切忌忽快忽慢。

2）测量电容量较大的被测设备，如变压器、电容器、电缆线路等，除测量前必须先放电，测量后，也应对被测设备充分放电。

3）绝缘电阻表未停止转动之前或被测设备未放电之前，严禁用手触及。拆线时，也不要触及连接线的金属部分，以免发生触电事故。

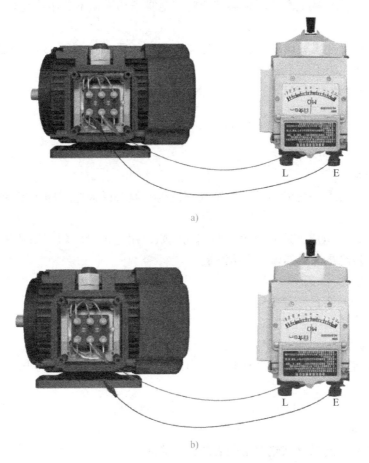

图 7-8　电动机绝缘电阻测量接线示意

a) 绝缘电阻表测量电动机相间绝缘电阻接线示意

b) 绝缘电阻表测量电动机某相与外壳绝缘电阻接线示意

4) 被测设备和电路必须在停电的状态下进行测量, 并且绝缘电阻表与被测设备间的连接导线不能用双股绝缘线或绞线, 应用单股线分开单独连接。

5) 禁止在潮湿及雷雨天气或高压设备附近测绝缘电阻, 只能在设备不带电, 也没有感应电的情况下测量。

6) 测量时, 应由两人进行。测试人员应注意与周围带电设备保持安全距离, 应避免强电场和强磁场的干扰。

7.2.6　常用电气设备的绝缘电阻合格值

常用电气设备的绝缘电阻合格值主要有以下几种情况。

1) 低压电路和设备, 其绝缘电阻不低于 0.5MΩ。

2) 配电盘 (屏) 二次线路的绝缘电阻不应低于 1MΩ, 在潮湿环境可降低为 0.5MΩ。

3) 1kV 电力电缆的绝缘电阻不小于 10MΩ, 3kV 电力电缆的绝缘电阻不小于 200MΩ, 10kV 电力电缆的绝缘电阻不小于 400MΩ。

4）10kV、35kV 柱上高压断路器其套管、绝缘子和灭弧室的绝缘电阻不低于 300MΩ 和 1000MΩ。

5）35kV 以上金属氧化物避雷器的绝缘电阻不低于 2500MΩ，35kV 及以下金属氧化物避雷器的绝缘电阻不低于 1000MΩ。

6）并联电容器两极对地的绝缘电阻不低于 2000MΩ。

思考与练习7

一、判断题

1. 绝缘电阻表是一种专门用来检查和测量电气设备或输电线路中绝缘电阻的可携式仪表。 （ ）

2. 用电压表测电压，用万用表欧姆档测电阻，用电桥测电阻，用功率表测功率，用绝缘电阻表测量绝缘电阻都属于直接测量。 （ ）

二、选择题

1. 测量电气设备的绝缘电阻可选用（ ）。

A. 万用表　　　　　　　　　　B. 电桥

C. 绝缘电阻表　　　　　　　　D. 伏安法

2. 测量额定电压为 380V 的发电机线圈绝缘电阻，应选用额定电压为（ ）的绝缘电阻表。

A. 380V　　　　B. 500V　　　　C. 1000V　　　　D. 2500V

三、简答题

1. 介绍指针式与数字式绝缘电阻表的工作原理。

2. 简述绝缘电阻表测量前准备工作。

3. 使用绝缘电阻表测量绝缘电阻时需要注意哪些事项？

08

项目8

接地电阻测量仪的使用

▶学习导入：

　　雷电灾害已被联合国有关部门列为最严重的十种自然灾害之一，被中国电工委员会称为"电子时代的一大公害"。如何减少和避免雷电对人身财产等造成损伤是当今社会重点考虑的问题。在众多防护措施中接地是最主要也是行之有效的措施之一。接地电阻的大小直接关系到人身和设备的安全，各种不同电压等级的电气设备和输电线路对接地电阻的要求在 GB 50150—2016《电气装置安装工程　电气设备交接试验标准》中有相应的规定。如果接地电阻不符合要求，不仅不能保证安全，还会造成安全错觉，形成事故隐患。因此，必须定期测量接地电阻，且接地电阻测试设备也被国家计量部门列为每年强制检定设备。本项目就接地电阻测量仪的结构、工作原理、测量使用方法等内容进行阐述。

项目8　接地电阻测量仪的使用

任务 8.1　认知接地电阻测量仪

知识目标

1）认知接地电阻含义。
2）认知接地电阻的测量原理。
3）认知接地电阻测量仪的基本结构和工作原理。

素养目标

1）培养学生探究学习的能力。
2）培养学生电工操作的职业素养。
3）培养学生严谨的工匠精神。

知识课堂

8.1.1　接地电阻概述

电力系统中的接地一般分为 3 种，即工作接地、保护接地和防雷接地。为了保证电气设备在正常和事故情况下可靠的工作而采用的接地称为工作接地。电气设备在运行中，因各种原因其绝缘可能发生击穿和漏电而使设备外壳带电，危及人身和设备安全，因此一般都要求将电气设备的外壳接地，这种接地称为保护接地。为了防止雷电袭击，在电气设备或输电线路上都装有避雷装置，而这些避雷装置也要可靠接地，这种接地称为防雷接地。

接地就是用金属导线将电气设备和输电线路中需要接地的部分与埋在土壤中的金属接地体连接起来。

接地体的接地电阻包含接地体本身电阻、接地线电阻、接地体与土壤的接触电阻和大地的散流电阻。由于前 3 项电阻很小，可以忽略不计，故接地电阻一般指散流电阻。

不同的电气设备对接地电阻阻值的要求不同，如变电所和送/配电线路的接地。用途、设备容量和电压值不同时，对其接地电阻值的要求也不同。总容量为 100kV 以上的变压器，其工作接地装置的接地电阻不应大于 4Ω，每个重复接地装置的接地电阻不应大于 10Ω。总容量为 100kV 及以下的变压器，其工作接地装置的接地电阻不应大于 10Ω，每个重复接地装置的接地电阻不应大于 30Ω，且重复接地不应少于 3 处。电压在 1000V 及以上的电气设备，其接地装置的接地电阻值应满足：$R_{max} < 2000/I$（短路电流）。

8.1.2　接地电阻的测量原理

常用的测量接地电阻的方法有很多，可用电流/电压表法（即伏安法）、电桥法和接地电阻测量仪法等，下面来介绍比较常用的电流/电压表法。

接地电阻测量电路原理图如图 8-1 所示，在被测接地体 E 几十米以外的地方向地中插入辅助接地极 C，并将交流电压加于 E、C 端，将有电流 I 通过电极和大地，从接地体 E

出来的电流分散到各个不同的方向，离开 E 极越远，电流密度越小。由于在距接地体 E 越远的地方电阻越小，而距接地体 E 越近的地方电阻就越大，所以电压大部分降落在接地体附近的地带。在进行测量时，为了防止外界杂散电流干扰和把辅助接地极的电阻包括在内，一般采用两个电极，一个是把电流引入地中，称为电流极 C，与被测接地体相距较远；另一个用来测量电压，称为电位极 P，测量时，E、P、C 三极必须在一条直线上。

当接地体上有电压时，就有电流从接地体流入大地并向四周扩散。越靠近接地体，电流通过的截面越小，电阻越大，电流密度就越大，地面电位也越高；离接地体越远，电流通过的截面越大，电阻越小，电流密度就越小，电位也越低。距接地体大约 20m 处，电流密度几乎等于零，电位也就接近于零，所以接地电阻主要就是从接地体到零电位点之间的电阻。它等于接地体的对地电压与经接地体流入大地中的接地电流之比（$R = U/I$），式中的 U 是对地电压，即电气设备的接地点与大地零电位之间的电位差。可以通过电压表和电流表的数据，代入公式，计算出被测的接地电阻数值。这就是电流/电压表测量法。

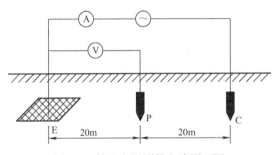

图 8-1　接地电阻测量电路原理图

8.1.3　接地电阻测量仪的分类及工作原理

接地电阻测量仪又称接地绝缘电阻表，是专门用于直接测量各种接地装置的接地电阻的可携式仪表。根据数值显示方式不同，分为指针式（手摇式）和数字式两大类。

1. 指针式（手摇式）接地电阻测量仪

指针式接地电阻测量仪其基本结构是由手摇发电机、电流互感器、调节电位器及检流计等组成，全部机构装设在铝合金铸造的携带式外壳内，附件有两根接地探测针及 3 根连接导线。

下面以应用比较广泛的 ZC-8 型接地电阻测量仪为例进行介绍。ZC-8 型接地电阻测量仪常用的有三端子和四端子两种类型，其外观如图 8-2 所示。

ZC-8 型接地电阻测量仪是按补偿法的原理制成的，内部采用手摇交流发电机作为电源，这是因为土壤的导电主要依靠地下电解质的作用，如果采用直流会引起极化作用，造成测量结果的不准确。四端子型，一般应将 P2、C2 短接后再接到被测接地体，而三端子型的测量仪通常已在内部将 P2、C2 短接，再引出一个 E 端子，测量时直接将 E 端子接到接地体即可。端子 P1、C1 或 P、C 分别接电位探测针和电流探测针，两探针按要求的距离插入地中。ZC-8 型接地电阻测量仪内部电路原理图如图 8-3 所示。

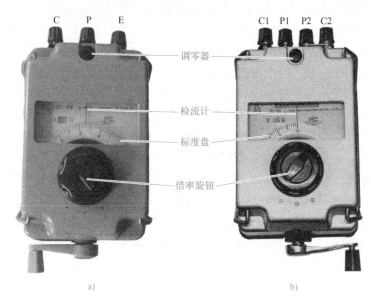

图 8-2　ZC - 8 型接地电阻测量仪外观

a）三端子　b）四端子

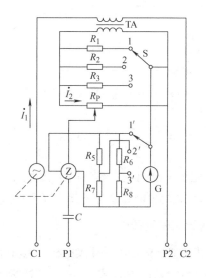

图 8-3　ZC - 8 型接地电阻测量仪内部电路原理图

电路中接有 3 组不同的分流电阻 $R_1 \sim R_3$ 和 $R_5 \sim R_8$，用来实现对电流互感器二次电流以及检流计支路的分流。分流电阻的切换利用联动的转换开关 S 同时进行。对应于转换开关的三个档位，可以得到 $0 \sim 1\Omega$、$0 \sim 10\Omega$、$0 \sim 100\Omega$ 三个量程。当转换开关置于"1"档时，$I_2 = I_1$，$k = 1$；当转换开关置于"2"档时，$I_2 = I_1/10$，$k = 1/10$；当转换开关置于"3"档时，$I_2 = I_1/100$，$k = 1/100$。电位器 R_P 的旋钮在测量仪的面板上并带有读数盘，测量时调节电位器使检流计指针指零，可得到被测接地电阻的值为 $R_x = kR_P$；式中 k 即所说的倍率，R_P 就是测量标度盘读数。

2. 数字式接地电阻测量仪

数字式接地电阻测量仪工作原理：仪器产生一个交变电流的恒流源，在测量接地电阻值时，恒流源从 E 端和 C 端向接地体和电流辅助极送入交变恒流，该电流在被测体上产生相应的交变电压值，仪器在 E 端和电压辅助极 P 端检测该交变电压值，数据经处理后，直接用数字显示被测接地体在所施加的交变电流下的电阻值。

数字式接地电阻测量仪与指针型接地电阻测量仪的工作原理和输出端钮相同，不同的是产生交变电流的方法、数据处理的手段和显示的形式。数字式接地电阻测量仪与传统手摇式接地电阻测量仪相比，有不用人力做功产生测试电流、检测方法和数据处理技术先进、抗杂散电流干扰能力强、数字显示直观清晰、测量准确度高等优点。

数字式接地电阻测量仪以接地电阻测试的工作原理为基础，采用单片机技术，可以测量电阻和电抗分量。数字式接地电阻测量仪以 45～55Hz 的频率进行测量，避开了工频干扰，同时可以测量一般接地电阻测量仪无法测量的接地电阻中的电抗分量。其原理框图如图 8-4 所示。

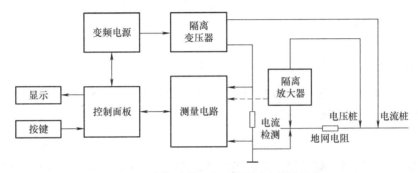

图 8-4　数字式接地电阻测量仪原理框图

当接通电源开关后，变频电源通电，会自动调整合适的电压使测试电流达到设定值。测量电路根据试验电流自动选择相应量程，采用傅里叶变换滤掉干扰，分离出信号基波，对测试电流和测试电压进行矢量计算，实部代表电阻值，虚部代表电抗值，计算结果显示在液晶显示屏上。

任务 8.2　接地电阻测量仪的操作

知识目标

1）掌握接地电阻测量仪测量方法。
2）掌握接地电阻测量仪的正确读数方法。

素养目标

1）培养学生探究学习的能力。
2）培养学生电工操作的职业素养。
3）培养学生严谨的工匠精神。

4）培养学生团队沟通协作的能力。

数字式接地电阻测量仪的使用和操作比较简单，根据型号不同，可以参考具体厂家的说明书，这里不再赘述，这里主要讲述指针式（手摇式）接地电阻测量仪的使用。

8.2.1　准备工作

接地电阻测量仪使用前的准备工作如下：

1）熟读接地电阻测量仪的使用说明书，应全面了解仪器的结构、性能及使用方法。

2）备齐测量时所必需的工具及全部仪器附件，并将仪器和接地探针擦拭干净，特别是接地探针，一定要将其表面影响导电能力的污垢及锈渍清理干净。

3）将接地干线与接地体的连接点或接地干线上所有接地支线的连接点断开，使接地体脱离任何连接关系而成为独立体。

8.2.2　测量前检查

1. 外观检查

先检查仪表是否有试验合格标志，接着检查外观是否完好；然后看指针是否居中；最后轻摇摇把，看是否能轻松转动。

2. 开路检查

对三端子的接地电阻测量仪，将仪表电流端子（C）和电位端子（P）短接，然后轻摇绝缘电阻表，绝缘电阻表的指针直接偏向读数最大方向；四端子的接地电阻测量仪：将仪表上的电流端子（C1）和电位端子（P1）短接，再将接地两端子（C2、P2）短接（即常说的两两相接），然后轻摇手摇发电机手柄，测量仪的指针直接偏向读数最大方向。说明该电阻测量仪开路状态正常。

3. 短路检查

不管是三端子的仪表还是四端子的仪表，均将所有端子连接起来，然后轻摇手摇发电机手柄，测量仪的指针往"0"的方向偏。说明该电阻测量仪短路状态正常。

通过上述3个步骤的检查后，基本上可以确定仪表是完好的。

8.2.3　测量步骤

1）将接地电阻测量仪水平放置于平稳牢固的地方，以免在摇动时因抖动和倾斜产生测量误差。

2）将测量仪水平放置后，检查检流计的指针是否指向中心线，否则调节"零位调整器"使测量仪指针指向中心线。

3）将两个接地探针沿接地体辐射方向距接地体20m、40m的处分别插入，插入深度为400mm。

4）将接地电阻测量仪平放于接地体附近，并进行接线，具体接线可参照图8-5所示。

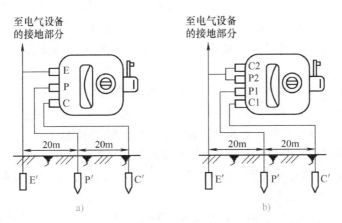

图 8-5 接地电阻测量仪的接线图

a）三端子测量仪的接线 b）四端子测量仪的接线

① 用最短的专用导线将接地体与接地测量仪的 E 接线端子（三端子的测量仪）或与 C2、P2 短接后的公共端（四端子的测量仪）相连。

② 用最长的专用导线将距接地体 40m 的测量探针（电流探针）与测量仪的 C 端子（三端子的测量仪）或与 C1 端子（四端子的测量仪）相连。

③ 用余下的长度居中的专用导线将距接地体 20m 的测量探针（电位探针）与测量仪的 P 端子（三端子的测量仪）或 P1 端子（四端子的测量仪）相连。

5）将倍率旋钮（或称粗调旋钮）置于最大倍数，并慢慢顺时针地转动发电机手柄（指针开始偏移），同时旋动测量标度盘（或称细调旋钮）使检流计指针指向中心线。

6）当检流计的指针接近于平衡时（指针近于中心线）加快摇动手柄，使其转速达到 120r/min 以上，同时调整测量标度盘，使指针指向中心线。

7）若测量标度盘的读数过小（小于1）不易读准确时，说明倍率标度倍数过大。此时应将倍率标度置于较小的倍数，重新调整测量标度盘，使指针指向中心线上，并读出准确读数。

8）计算测量结果，被测接地电阻值 $R_{接地}$ ＝倍率值×测量标度盘读数。

8.2.4 测量措施及安全注意事项

1）解开和恢复接地引线时，均应戴绝缘手套。

2）按照接地装置规程要求，并注意两根探针之间的距离应符合要求，并且拉线与探针必须连接可靠，接触良好。

3）必须确认负责拉线和打探针的人员不得碰触探针或其他裸露部分的情况下才可以摇动接地电阻测量仪。

4）摇测时，应从最大量程进行，根据被测物电阻的大小逐步调整量程。绝缘电阻表的转速应保持在 120r/min（注：这个数不是绝对的，需根据表本身来定，有的仪表要求150r/min）。

5）若摇测时遇到较大的干扰，指针摆动幅度很大，无法读数，应先检查各连接点是否接触良好，然后再重测。如指针摆动幅度无变化，可将摇速先增大后降低（不能低于规定值），直至指针比较稳定时读数，若指针仍有较小摆动，可取平均值。

6）接地电阻应在气候相对干燥的季节进行，避免雨后立即测量，以免测量结果不真实。

7）测量应遵守现场安全规定。雷云在杆塔上方活动时应停止测量，并撤离测量现场。

8）测量完毕，应对设备充分放电，否则容易引起触电事故。

9）接地线路要与被保护设备断开，以保证测量结果的准确性。

10）探测针应远离地下水管、电缆、铁路等较大金属体，其中电流极应远离10m以上，电压极应远离50m以上。

11）当检流计灵敏度过高时，可将电位探针电压极插入土壤中再浅一些，当检流计灵敏度不够时，可沿探针注水使其湿润。

12）测试仪在使用、搬运、存放时应避免强烈振动。

8.2.5　接地电阻值合格标准

接地电阻值的相应标准规定如下：

1）独立的防雷保护接地电阻应小于或等于10Ω。

2）独立的安全保护接地电阻应小于或等于4Ω。

3）独立的交流工作接地电阻应小于或等于4Ω。

4）独立的直流工作接地电阻应小于或等于4Ω。

5）共用接地体（联合接地）接地电阻应不大于接地电阻1Ω。

6）低压电气设备保护接地电阻不大于4Ω。

7）小电流接地短路（500A以下）的高压保护接地电阻不大于10Ω。

8）大电流接地短路（500A以上）的高压保护接地电阻不大于0.5Ω。

9）变压器中性点接地电阻不大于4Ω，重复接地电阻不大于10Ω。

10）防雷装置的冲击接地电阻值不得大于30Ω。

思考与练习8

思考与练习8

一、判断题

1. 接地电阻的大小主要与接地线电阻和接地体电阻的大小有关。　　　　（　　）

2. 接地电阻测量仪是用于测量各种电气设备的绝缘电阻的仪表。　　　　（　　）

二、选择题

1. 接地电阻测量仪是通过发电机来工作的，其摇速应该控制在（　　）r/min。

A. 50　　　　　　　B. 160　　　　　　　C. 200　　　　　　　D. 120

2. 探测针应远离地下水管、电缆、铁路等较大金属体，其中电流极应远离（　　）

以上，电压极应远离（　　）以上。

    A. 10m，50m   B. 10m，60m

    C. 20m，50m   D. 20m，60m

三、简答题

1. 简述接地电阻测量仪的测量原理。

2. 概述接地电阻测量仪的测量步骤。

3. 接地电阻测量仪测量技术措施及安全注意事项有哪些？

09

项目9

直流电桥的使用

▶**学习导入：**

　　直流电桥是一种精密电阻测量设备，包含直流单臂电桥和直流双臂电桥。主要用于测量各类带有电感特性设备中的直流电阻，使用电桥测电阻受到电表精度和接入误差的影响比较小，只要标准电阻精确，检流计足够灵敏，那么被测电阻的结果就有较高的准确度。由于电桥的灵敏度、准确度相对较高，又有结构简单、使用方便等特点，在现代自动化控制、仪器仪表中常利用电桥特点进行设计、调试、控制。本项目就直流电桥的结构、工作原理、测量使用方法等内容进行阐述。

项目9　直流电桥的使用

任务 9.1　认知直流电桥

知识目标

1）认知直流电桥的分类。
2）认知直流单臂电桥的基本结构和工作原理。
3）认知直流双臂电桥的基本结构和工作原理。

素养目标

1）培养学生探究学习的能力。
2）培养学生电工操作的职业素养。
3）培养学生严谨的工匠精神。

知识课堂

9.1.1　直流电桥概述

直流电桥是一种具有高灵敏度、高准确度的比较式测量仪表，分为直流单臂电桥和直流双臂电桥。主要用于各类带有电感特性设备的直流电阻测量，特别适用于大型电力变压器、互感器的直流电阻的测量；测量简单、迅速，操作一目了然。

9.1.2　直流单臂电桥

直流单臂电桥又称惠斯通电桥，适用于测量电机、变压器及各种电器的直流电阻，其电阻测量范围为 $1 \sim 10^6\ \Omega$。直流单臂电桥分为指针式和数字式两大类。

1. 指针式直流单臂电桥的工作原理

直流单臂电桥内部构成原理电路如图 9-1 所示，被测电阻 R_x 和标准电阻 R_2、R_3、R_4 组成电桥的 4 个臂，接成四边形，a、b、c、d 是 4 个顶点，在四边形顶点 c、d 间接入检流计，在另一对顶点 a、b 间接入电池 E。

在测量时接通电源，调节标准电阻 R_2、R_3、R_4 使检流计指示为 0，则 c 点电位和 d 点电位相等，且 $I_1 = I_2$，$I_3 = I_4$，即 $U_{cd} = 0$、$I_g = 0$，这种状态称为电桥平衡。

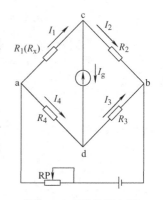

图 9-1　直流单臂电桥内部构成原理电路图

因此 $U_{ac} = U_{ad}$，即 $I_1 R_x = I_4 R_4$；$U_{cb} = U_{db}$，即 $I_2 R_2 = I_3 R_3$。两式相比，可得：

$$R_x = R_4 R_2 / R_3 \qquad (9\text{-}1)$$

电阻 R_2 和 R_3 的比值通常配成固定的比例，称为电桥的比率臂，电阻 R_4 称为比较臂。根据式（9-1）可得，被测电阻的数值就等于比率臂倍率和比较臂读数值的乘积。

用直流单臂电桥测电阻实际上是将被测电阻与已知标准电阻进行比较从而得到被测电阻值，只要比率臂电阻 R_2、R_3 和比较臂电阻 R_4 足够准确，被测电阻值 R_x 的准确度也相应高。另外由于式(9-1)是根据 $I_g = 0$ 得出的，所以检流计必须采用高灵敏度的检流计，这样才能保证高度的平衡条件，进而保证电桥的测量精度。一般直流单臂电桥的准确度等级有 0.001、0.002、0.005、0.01、0.02、0.05、0.1、0.2、0.5、1.0、2.0 这 11 个等级。

指针式直流单臂电桥的种类和型号很多，本书主要以 QJ23a 型直流单臂电桥为例来介绍指针式直流单臂电桥的基本结构和使用方法。

2. QJ23a 型直流单臂电桥面板介绍

QJ23a 型直流单臂电桥由比率臂调节旋钮、比较臂调节旋钮、检流计及电源等部分组成。其面板结构如图 9-2 所示。

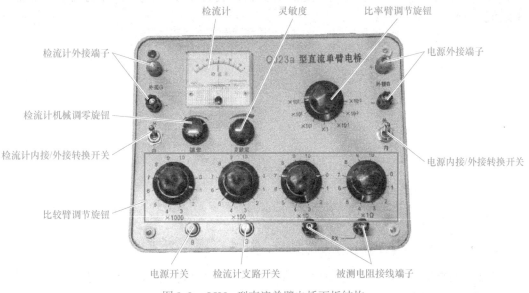

图 9-2　QJ23a 型直流单臂电桥面板结构

QJ23a 型直流单臂电桥面板各部分功能如下。

● 检流计外接端子：当内部检流计出现故障时，可外接备供检流计使用；或当电桥本身的检流计灵敏度不够时换接上灵敏度更高的检流计。

● 检流计机械调零旋钮：当检流计指针不为零时进行调零。

● 检流计内接/外接转换开关：把检流计切换为电桥本身自带的检流计或者切换为外接的电流计。

● 比较臂调节旋钮：是一种电阻值可变的电阻量具。由 4 组可调电阻串联而成，每组含有 10 个电阻档位，组合成一个 4 位电阻示值。

● 电源开关（B）：给电路提供电源。

● 检流计支路开关（G）：接通检流计内部电路。

● 被测电阻接线端子（RX）：被测量电阻的两个接线端子。

● 电源内接/外接转换开关：切换电桥的电源为内部电池供电或由外部直流电源供电。

● 电源外接端子：提供外接直流电源。当电桥需要外部直流电源时，可通过此接线端子，接外部直流电源进行供电。

● 比率臂调节旋钮：有7个倍率，根据测量电阻的大小，选择合适的倍率。

● 灵敏度：调节检流计的灵敏度大小，一般调到中间位置即可。

● 检流计：是电桥本身自带的检流计。

3. 数字式直流单臂电桥的工作原理

数字式直流单臂电桥的种类和型号很多，本书主要以 SQJ23 型数字式直流单臂电桥为例来介绍数字式直流单臂电桥的基本结构和使用方法。

SQJ23 型数字式直流单臂电桥的工作原理框图如图 9-3 所示。由高精度电流源产生一个稳定的电流流经被测电阻，在被测电阻上产生的电压经处理后送到 $4\frac{1}{2}$ 位 A/D 转换器，并转换成相应的数字量，该数字量再经过译码器译成七段码，驱动液晶显示器显示相应的电阻值。

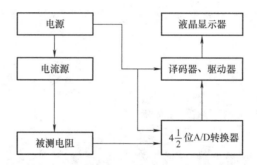

图 9-3　SQJ23 型数字式直流单臂电桥的工作原理框图

4. SQJ23 型数字式直流单臂电桥面板介绍

SQJ23 型数字式直流单臂电桥面板结构如图 9-4 所示，包含了量程选择开关、显示屏、测量端子、屏蔽端子、电源开关、测量开关和调零旋钮。

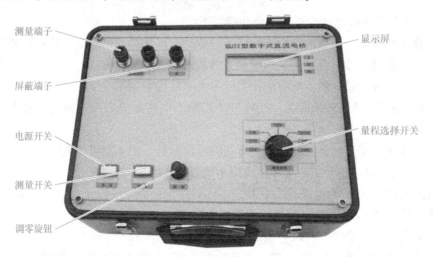

图 9-4　SQJ23 型数字式直流单臂电桥面板结构

● 测量端子。用于接入被测电阻。被测电阻可以通过测量线接到端子上，也可以直接接在端子上。

● 屏蔽端子。用于减少干扰，在被测电阻阻值较高或现场干扰较大时使用。

● 电源开关。无锁直按开关，测量时按下。测量结果稳定后即可使之弹起释放，测量结果将保持到再次按下时为止。

● 测量开关：接好被测电阻后，按下该开关后开始测量，待示值稳定后，释放测量开关，这是测量结果保持不变，直到再次按下测量开关。

● 调零旋钮。用于测量前的调零，一般在量程开关每次换档后都应先调零再开始测量。

● 显示屏。用于显示测量结果，液晶显示器字高18mm。自左至右依次显示极性（调零用，负值时显示负号、正值时不显示正号），$4\frac{1}{2}$ 位数字，量纲（Ω）及小数点值。小数点值及量纲受量程选择开关控制。

● 量程选择开关。用于量程选择，本仪器共分为7个量程。一般应根据被测电阻的估计值先选择好量程并调零后进行测量。如果超量限，仪器将显示"0000"并不断闪烁，提醒使用者，此时应将量程选择开关旋至更高的量程。

9.1.3　直流双臂电桥

直流双臂电桥又叫开尔文电桥，适合于工矿企业、实验室和车间现场，对直流低值电阻进行精密测量，是专门用于测量小电阻的常用仪器，如金属棒、板料、电缆、导线等金属导体电阻值的测定、电流表中分流电阻的校验、电机或变压器绕组中直流电阻的测量等，其测量范围为 $10^{-6} \sim 10\Omega$。直流双臂电桥分为指针式和数字式两大类。

1. 指针式直流双臂电桥的工作原理

指针式直流双臂电桥是在单臂电桥的基础上改进得来的，其原理电路如图9-5所示。

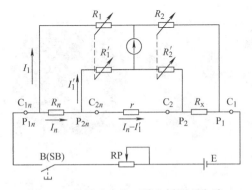

图9-5　指针式直流双臂电桥原理电路

在图9-5中，R_x 是被测电阻，R_n 是比较用的可调电阻。R_x 和 R_n 各有两对端子，C_1 和 C_2、C_{1n} 和 C_{2n} 是它们的电流端子，P_1 和 P_2、P_{1n} 和 P_{2n} 是它们的电位端子。接线时，必须使被测电阻 R_x 只在电位端子 P_1 和 P_2 之间，而电流端子在电位端钮的外侧，否则，就不能排除和减少接线电阻与接触电阻对测量结果的影响。比较用可调电阻的电流端子 C_{2n} 与被测电阻的电流端子 C_2，用电阻为 r 的粗导线连接起来。R_1、R_1'、R_2 和 R_2' 是桥臂电阻，其阻值均在 10Ω 以上。在结构上把 R_1 和 R_1' 及 R_2 和 R_2' 做成同轴调节电阻，以便改变 R_1 或 R_2 的同时，R_1' 和 R_2' 也会随之变化，并能始终保持，即

$$\frac{R_1'}{R_1} = \frac{R_2'}{R_2} \qquad (9\text{-}2)$$

测量时，接上 R_x 调节各桥臂电阻使电桥平衡。此时，因为 $I_g = 0$，可得到被测电阻 R_x 为

$$R_x = \frac{R_2}{R_1} R_n \qquad (9\text{-}3)$$

可见，被测电阻 R_x 仅决定于桥臂电阻 R_2 和 R_1 的比值及比较用可调电阻 R_n，而与粗导线电阻 r 无关。比值 R_2/R_1 称为直流双臂电桥的倍率。所以电桥平衡时，被测电阻值 = 倍率读数 × 比较用可调电阻读数。因此，为了保证测量的准确性，连接 R_x 和 R_n 电流端子的导线应尽量选用导电性能良好且短而粗的导线。只要能保证 R_1、R_1'、R_2 和 R_2' 均大于 10Ω，r 很小，且接线正确，直流双臂电桥就可较好地消除或减小接线电阻与接触电阻的影响。所以，用直流双臂电桥测量小电阻时，能得到较准确的测量结果。

指针式直流双臂电桥的种类和型号很多，这里主要以 QJ42 型指针式直流双臂电桥为例来介绍指针式直流双臂电桥的基本结构和使用方法。

2. QJ42 型指针式直流双臂电桥面板

QJ42 型指针式直流双臂电桥由倍率调节旋钮、测量盘、检流计及电源等部分组成。其面板结构如图 9-6 所示。

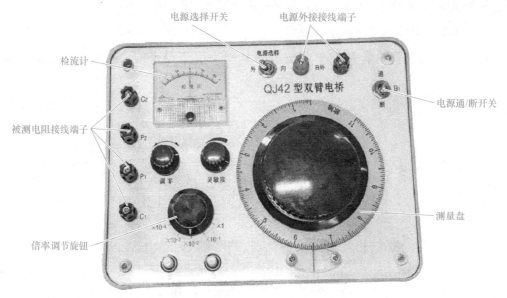

图 9-6　QJ42 型指针式直流双臂电桥面板结构

QJ42 型指针式直流双臂电桥面板中各部分作用如下。

● 检流计：显示电流的大小，当电桥平衡时，检流计指针指示为零。

● 被测电阻接线端子：共有 4 个接线端子，分别是 C1、C2、P1、P2。其中，P1、P2 为电位端子，C1、C2 为电流端子。

● 倍率调节旋钮：有 5 个倍率档位，可根据被测电阻的范围，选择合适的倍率。

● 测量盘：调整内部可调电阻数值，使检流计指针为零。

● 电源通/断开关：拨在"通"的位置，表示电源为接通状态；拨在"断"的位置，表示电源为断开状态。

● 电源外接接线端子：连接外部直流电源，其中的红色端子接外部电源正极，黑色端子接外部电源负极。

● 电源选择开关：选择使用内部电池电源或者是外部电源。拨在"外"的位置，表示使用外部电源；拨在"内"的位置，表示使用内部电池作为电源。

3. 数字式直流双臂电桥工作原理

数字式直流双臂电桥类型很多，这里以 QJ83A 型数字式双臂电桥为例，说明其构成和原理。QJ83A 型数字式双臂电桥工作原理如图 9-7 所示。被测电阻以四线制接入电桥，经基准电阻网络、精密运放和 A/D 转换构成的半桥电路完成 R/V 变换，LCD 显示器显示测试数据，量程切换电路在改变量程网络电阻同时，完成小数点和单位的切换。

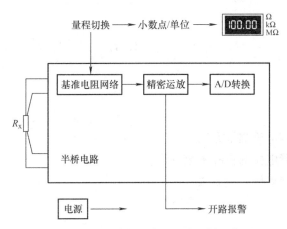

图 9-7 QJ83A 型数字式直流双臂电桥工作原理

4. QJ83A 型数字式双臂电桥面板

QJ83A 型数字式双臂电桥面板结构如图 9-8 所示，包含量程调节旋钮、显示屏、接线端子、电源开关和测量开关。

QJ83A 型数字式双臂电桥面板中各部分的作用如下。

● 接线端子：有 4 个接线端子，C1、C2 为电流端子，P1、P2 为电位端子。

● 测量开关：当测量时按下该开关即可开始测量。

● 电源开关：接通或关闭电源。

● 量程调节旋钮：有 7 个档位，最小量程为 2Ω，最大量程为 2MΩ，可根据被测电阻大小选择合适的量程。

● 显示屏：显示被测电阻的大小。

图 9-8　QJ83A 型数字式双臂电桥面板结构

任务 9.2　直流电桥的操作

知识目标

1）掌握直流单臂电桥测量方法。
2）掌握直流单臂电桥的正确读数方法。
3）掌握直流双臂电桥测量方法。
4）掌握直流双臂电桥的正确读数方法。

素养目标

1）培养学生探究学习的能力。
2）培养学生电工操作的职业素养。
3）培养学生严谨的工匠精神。
4）培养学生团队沟通协作的能力。

知识课堂

9.2.1　直流单臂电桥的使用

1. 指针式直流单臂电桥的使用

这里以 QJ23a 型指针式直流单臂电桥为例介绍其使用方法。

1）利用前先将仪器放置水平，指零仪转换开关拨向"内接"，按下"G"按钮，将指零仪指针调至零位。

2）利用万用表的欧姆档估计待测电阻的大致数值。

3）根据万用表测得的电阻值选择适当的比率臂倍率，使比较臂的4个电阻都能被充分利用，提高测量准确度。

例如，用万用表测量的待测电阻估值约为几欧姆时，应选用0.001的比率臂倍率；待测电阻估值为几十欧姆时，应选用0.01的比率臂倍率；待测电阻估值为几百欧姆，应选用0.1的比率臂倍率；待测电阻估值为几千欧姆时，应选用1的比率臂倍率。

4）测量中在接入待测电阻时，应采用较粗较短的导线，并将接头拧紧，以减小接线电阻和接触电阻。

5）按下"B"按钮并调节比较臂电阻。电桥电路接通后，若检流计指针向"＋"方向偏转，应增大比较臂电阻；反之，若检流计指针向"－"方向偏转，应减小比较臂电阻。直至检流计指针指零为止。此时，可得到被测电阻值 R_x = 比率臂倍率 × 比较臂电阻数值。

6）在测量10kΩ以上的电阻时，可外接高灵敏度指零仪，电源电压可以相应提高，但不得超过电桥所标示的最大数值。

7）测量电感电路的电阻（如电机、变压器）时，应先按"B"再按"G"按钮，断开时先放"G"再放"B"按钮，以免被测线圈产生自感电动势损坏检流计。

8）外接电源时，电源转换开关拨向"外接"，电源按极性接在"B"接线柱上。

9）电桥使用完毕后，应先放开"B"和"G"按钮，并把指零仪和电源转换开关拨向"外接"，然后拆除待测电阻。

2. 指针式直流单臂电桥使用注意事项

1）用电桥测量电阻时，不准带电测量。

2）测量前先将检流计指针调零。

3）注意测量范围。直流单臂电桥以测量10Ω～1MΩ电阻为宜。用粗短导线将被测电阻牢固地接至标有"R_x"的两个接线端钮之间，尤其是测量小电阻时，引线电阻和接触电阻皆不可忽略，避免带来较大的测量误差。

4）根据被测电阻的大小，选择适当的比率臂倍率。在选择比率臂倍率时，应使比较臂的4档电阻都能用上。这样容易把电桥调到平衡，保证测量结果的有效数字，提高其测量精度。比率臂倍率选择如表9-1所示。

表9-1　比率臂倍率选择参考表

被测电阻/Ω	比率臂倍率
1～10	$\times 10^{-3}$
10～100	$\times 10^{-2}$
100～1000	$\times 10^{-1}$
1000～10000	$\times 1$
10k～100k	$\times 10^1$

（续）

被测电阻/Ω	比率臂倍率
100k ~ 1M	$\times 10^2$
1M ~ 10M	$\times 10^3$

5）电路接通后，电源按钮不可长时间按下，以免标准电阻因长时间通过电流而使阻值改变。

6）发现电池电压不足时应及时更换，否则将影响检流计的灵敏度，外接电源时，应符合说明书上规定电压值。若长时间不用，应取出电池。

7）电桥使用完毕，应先切断电源，然后拆除被测电阻，还要将检流计锁扣锁上，以防搬动过程中振坏检流计。对于没有锁扣的检流计，应将按钮断开，它的常闭接点会自动将检流计短路，从而使可动部分得到保护。

8）测量阻值大于1MΩ的电阻时，因电路中电流较小，平衡点不明显，可使用外接电源和高灵敏度检流计，但外接电压应按规定选择，过高会损坏桥臂电阻。

9）平时保存电桥应放置在清洁、干燥、避免阳光直射的地方，并定期清洁仪器的各零部件，注意防潮除尘，保证桥臂和各接触点接触良好。

10）电桥内电池电压不足会影响灵敏度，应及时更换。若用外接电源要注意极性及电压应符合要求。

11）直流单臂电桥不宜测量0.1Ω以下的小电阻，即使测量，也应降低电源电压并缩短测量时间，以免烧坏仪表。

3. 数字式直流单臂电桥的使用

这里以SQJ23型数字式直流单臂电桥为例介绍其使用方法。

1）按下电源按钮，接通电源，预热5min。接通电源后，液晶显示器相应量程的小数点值，数码管点亮，同时显示"-1"或显示某一随机数字。这是正常状态。

2）测量时接好测量线，先将测量夹短接，将量程选择开关旋至选定量程，此时按下测量按钮，调节调零旋钮，使显示为"0000"。为使测量准确，一般每换一次量程都应重复此过程。

3）接好被测电阻后，按下测量按钮，即可显示测量结果。待示值稳定后，按测量按钮使之弹起释放，这时测量结果将保持不变，直到再次按下测量按钮。

4）测量200kΩ以下电阻时，可不接屏蔽端钮。在测量200kΩ以上电阻或现场干扰较大时，应连接屏蔽端子。可将被测电阻连同测量夹放入一金属盒中，测量夹及电阻导线勿触碰金属盒，屏蔽端夹子夹在金属盒上，另一头接在仪器面板的屏蔽端子上。此时显示一个稳定读数。测高阻所需时间较长，应待示值稳定后再释放测量按钮，使读数保持稳定。

4. SQJ23型数字式直流单臂电桥使用注意事项

1）使用时如果不连续测量，每次测量完毕（特别是在20Ω档时），应及时断开电源开关，以节省电能，延长电池使用寿命。

2）屏蔽端子在内部已与仪器外壳及测量电路的地线接通，使用时测量端子不得再与外壳连接。

9.2.2 直流双臂电桥的使用

1. 指针式直流双臂电桥的使用

这里以 QJ42 型指针式双臂电桥为例介绍其使用方法。

1) 保持 B 键、G 按钮未被按下状态，将灵敏度旋钮置于最小位置，调节调零旋钮，使检流计指针指到中间"0"位置。

2) 采用外接电源时，必须注意电源的极性。将电源的正、负极分别接到"＋""－"端子，且不要使外接电源电压超过电桥工作电压的规定值。

3) 估测被测电阻，选择合适倍率。

可用万用表估测被测电阻，然后选择适当的倍率。如被测电阻估值为零点零几欧时，倍率应选×10^{-2}档。若无法估计被测电阻值时，则可从高档位起，依次移向低档位，直到合适的量程为止。具体倍率选择可参考表9-2所示。

表 9-2　双臂电桥倍率选择参考表

被测电阻/Ω	倍率
1 ~ 11	×1
0.1 ~ 1.1	×10^{-1}
0.01 ~ 0.11	×10^{-2}
0.001 ~ 0.011	×10^{-3}
0.0001 ~ 0.0011	×10^{-4}

提示：测量时，倍率务必选正确，否则会产生很大的测量误差，从而失去精确测量的目的。

4) 接入被测电阻。按四端接线法接入被测电阻时，应采用较短较粗的导线连接，接线间不得绞合，并将接头拧紧。

提示：

① 被测电阻有电流端子和电位端子时，要与电桥上相应的端子相连接。同时要注意电位端子总是在电流端子的内侧，且两电位端子之间的电阻就是被测电阻。

② 如果被测电阻（如一根导线）没有电流端子和电位端子，则自行引出电流端子和电位端子，然后与电桥上相应的端子相连接。

5) 接通电路，调节测量盘使电桥平衡（即检流计指零）。

适当增加灵敏度，然后观察检流计指针偏转。若检流计指针朝"＋"方向偏转，应减小读数盘读数；若检流计指针朝"－"方向偏转，应增大读数盘读数，使检流计指针指零。再增加灵敏度，调读数盘读数，使检流计指针指零。如此反复调节，直至检流计指针指零。

提示：

① 由于直流双臂电桥在工作时电流较大，上述操作动作要迅速，以免电池耗电量过大。

② 被测电阻含有电感时，应先锁住电源按钮 B，间歇按下检流计按钮 G。

③ 被测电阻不含电感时，应先锁住检流计按钮 G，间歇按电源按钮 B。

6）计算电阻值。

被测电阻值 = 倍率 × 测量盘读数

7）关闭电源。

先断开检流计按钮 G，再断开电源按钮 B，把电源通断开关拨到"断"位置，把电源选择开关拨到"外"位置，然后拆除被测电阻。

8）电桥保养。

每次测量结束，都应将盒盖盖好，存放于干燥、避光、无振动的场合。

提示：搬动电桥时应小心，做到轻拿轻放，否则易使检流计损坏。

2. 数字型直流双臂电桥的使用

这里以 QJ83A 型数字式直流双臂电桥为例介绍其使用方法。

1）按下电源按钮，接通电源，预热 5min。接通电源后，液晶显示器相应量程的小数点值，数码管点亮，同时首位显示"1"或显示某一随机数字，这是正常状态。

2）将两个测量夹分别夹住被测电阻的两端，测量线的一端按 4 线制分别接 C1、P1、P2、C2。接线方式参照图 9-9 所示。

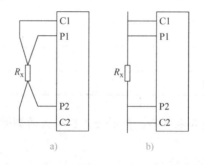

图 9-9　直流双臂电桥接线示意
a）无引线电阻测量接线方式　b）有引线电阻测量接线方式

3）按下测量按钮，不要松开，即可开始测量。待保持指示符熄灭后，松开测量按钮，这时测量结果将保持不变，直到再次按下测量按钮。

3. QJ83A 型数字式双臂电桥使用注意事项

1）保持指示符出现后应及时松开测量按钮。每次测量完毕，应及时断开电源，以节省电能。

2）纯电阻测试时可长按"测量"按钮。对变压器、电动机和互感器等电力电器绕组电阻的测试时，"测量"按钮有灭弧作用。测量时按下"测量"按钮，测量完毕，先使"测量"按钮复位，带电感电器通过"测量"按钮放电，放电时间由电感决定，放电完后方可切断测量回路，以确保人身安全和设备安全。

3）当按下"测量"按钮后，测量端允许开路，但不能随意短路，尤其是测量低阻时（20MΩ、200MΩ、2Ω），由于测试电流较大，尽量间断使用，避免长期短路。

4）带有电感的电阻器在测量过程中，不得切换量程开关。若要切换，则必须先将"测量"按钮复位后方可进行。

思考与练习9

一、判断题

1. 用电桥测量电阻的方法属于比较测量法。 （ ）

2. 测量 1Ω 以下的小电阻宜采用直流双臂电桥。 （ ）

3. 直流双臂电桥可以较好地消除接触电阻和接地电阻的影响。 （ ）

4. 1Ω 以下的电阻称为小电阻。 （ ）

5. 用电压表测电压，用万用表欧姆档测电阻，用电桥测电阻，用功率表测功率都属于直接测量。 （ ）

6. 对于直流电桥来说，测量完毕后，应先松开检流计按钮，再放开电源支路按钮，特别是当被测元器件中含有电感量时，更应遵守这一顺序。 （ ）

二、选择题

1. 单臂电桥测电阻属于（   ）测量法。

A. 直接　　　　　 B. 间接　　　　　 C. 替换　　　　　 D. 比较

2. 用直流单臂电桥测量：估值为几欧姆的电阻时，比例臂应选（   ）。

A. ×0.001　　　 B. ×1　　　　　 C. ×10　　　　　 D. ×100

3. 电桥使用完毕，要将检流计锁扣锁上，以防（   ）。

A. 电桥出现误差　　　　　　　 B. 破坏电桥平衡

C. 电桥灵敏度下降　　　　　　 D. 搬动时震坏检流计

4. 测量 1Ω 以下的电阻应选用（   ）。

A. 直流单臂电桥　　 B. 直流双臂电桥　　 C. 万用表的欧姆档

三、简答题

1. 直流单臂电桥的平衡条件是什么？其作用是什么？

2. 如何正确使用直流单臂电桥？

3. 使用直流电桥时应注意哪些事项？

10

项目10

示波器的使用

▶学习导入：

　　示波器能把肉眼看不见的电信号变换成看得见的图像，便于人们研究各种电现象的变化过程。通过观察示波器上显示的波形曲线，可以确定电子系统的某个元器件是否在正常工作，还可以用它测试各种不同的电量，如电压/电流的幅值、频率、相位差、脉冲幅度等。示波器的应用极为广泛，包括电子测试、工业自动化、汽车电子以及航空航天等。许多公司都依赖示波器来查找缺陷，从而制造出质量过硬的产品。本项目就示波器的结构、工作原理、测量使用方法等内容进行阐述。

项目10　示波器的使用

任务 10.1 认知示波器

知识目标

1）认知示波器的分类。
2）认知模拟式示波器的基本结构和工作原理。
3）认知数字式示波器的基本结构和工作原理。

素养目标

1）培养学生探究学习的能力。
2）培养学生电工操作的职业素养。
3）培养学生严谨的工匠精神。

知识课堂

10.1.1 示波器概述

示波器（Oscilloscope）利用狭窄的、由高速电子组成的电子束，打在涂有荧光物质的屏面上，就可产生细小的光点。在被测信号的作用下，电子束就好像一支笔的笔尖，可以在屏面上描绘出被测信号的瞬时值的变化曲线。利用示波器不但可以定性观察电信号随时间变化的波形曲线，还能定量测量表征电信号特性的参数，如电压或电流的幅值、频率、周期、相位差和脉冲幅度等。

按照信号显示方式不同，示波器主要分为模拟式示波器和数字式示波器两大类。

10.1.2 模拟式示波器

模拟式示波器的工作方式是直接测量信号电压并显示波形，其内部采用的是模拟电路（其核心元件是电子枪）。电子枪向屏幕发射电子，发射的电子经聚焦形成电子束，并打到屏幕上。屏幕的内表面涂有荧光物质，这样电子束打中的点就会发出光来。在被测信号的作用下，电子束可以描绘出被测信号变化的动态过程。其原理如图 10-1 所示。

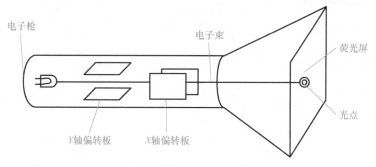

图 10-1 模拟式示波器原理

1. 示波器构成

示波器由电子枪、荧光屏和偏转系统 3 大部分构成。

1）电子枪。作用是发射电子束，轰击荧光屏使之发光。

2）荧光屏。作用是显示被测波形。发光的强弱与激发它的电子数量多少和速度快慢有关。电子数量越多、速度越快，产生的光点越亮。

3）偏转系统。作用是使电子束有规律地移动，从而在荧光屏上显示出被测波形。

2. 示波原理

电子束从电子枪中发射出来后，受到阳极正电压的吸引，经偏转系统向荧光屏方向加速前进。如果偏转板上不加电压，则电子束只能径直射向荧光屏中央，使荧光屏中央出现一个轴光点。

一般情况下，被测电压加在 Y 轴偏转板上，而 X 轴偏转板上加随时间线性变化的锯齿波扫描电压。这时，由于电子束在做垂直运动的同时，又以匀速沿水平方向移动，因此，在荧光屏上扫描出被测电压随时间变化的波形。如果锯齿波扫描电压的周期与被测电压的周期完全相等，扫描电压每变化一次，荧光屏上就出现一个完整的被测波形。每一个周期出现的波形都重叠在一起，荧光屏上就能看到一个稳定清晰的波形。如果锯齿波扫描电压周期是被测信号周期的整数倍，荧光屏上会稳定地显示出若干个被测信号的波形。

10.1.3 MOS – 620CH 型双踪示波器面板介绍

模拟式示波器种类很多，型号也多种多样，这里以 MOS – 620CH 型双踪示波器为例来进行介绍。MOS – 620CH 型双踪示波器面板结构如图 10-2 所示。

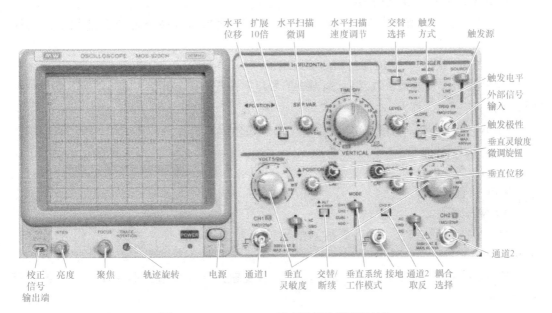

图 10-2 MOS – 620CH 型双踪示波器面板结构

MOS－620CH 型双踪示波器的调节旋钮、开关、按键及连接器等都位于前面板上，其作用如下。

（1）电源及显示模块

1）CAL（校正信号）：示波器校正信号输出端。提供幅度为 2Vpp、频率为 1kHz 的方波信号，用于校正 10∶1 探头的补偿电容器和检测示波器垂直与水平偏转因数等。

2）INTEN（亮度）：亮度调节旋钮，调节轨迹或光点的亮度。

3）FOCUS（聚焦）：聚焦调节旋钮，调节轨迹或亮光点的聚焦。

4）TRACE ROTATION（轨迹旋转）：轨迹旋转调节旋钮，调整水平轨迹与刻度线相平行。

5）POWER（电源）：主电源开关及指示灯。按下此开关，其左侧的发光二极管指示灯亮，表明电源已接通。

（2）VERTICAL（垂直）

1）CH1X（通道1）：被测信号输入连接器。在 X-Y 模式下，作为 X 轴输入端。

2）VOLST/DIV（垂直灵敏度）：垂直灵敏度调节旋钮。调节垂直偏转灵敏度，从 5mV/div～5V/div，共10个档位。面板中有两个 VOLST/DIV 旋钮，分别是 CH1 通道和 CH2 通道的垂直灵敏度调节旋钮，两者作用一样。

3）ALT/CHOP（交替/断续）：交替/断续选择按键，双踪显示时，放开此键（ALT），通道1与通道2的信号交替显示，适用于观测频率较高的信号波形；按下此键（CHOP），通道1与通道2的信号同时断续显示，适用于观测频率较低的信号波形。

4）MODE（垂直系统工作模式）：有4种模式，具体如下。

- CH1：通道1单独显示。
- CH2：通道2单独显示。
- DUAL：两个通道同时显示。
- ADD：显示通道1与通道2信号的代数和、代数差（按下通道2的信号反向键"CH2 INV"时可用）。

5）GND（接地）：示波器机箱的接地端子。

6）CH2 INV（通道2取反）：通道2信号反向按键。按下此键，通道2及其触发信号同时反向。

7）AC-GND-DC（耦合选择）：耦合开关。选择被测信号进入垂直通道的耦合方式，有3种耦合方式。

- AC：交流耦合。
- DC：直流耦合。
- GND：接地。

8）CH2Y（通道2）：通道2被测信号输入连接器。在 X-Y 模式下，作为 Y 轴输入端。

9）POSITION（垂直位移）：垂直位置调节旋钮，调节显示波形在荧光屏上的垂直位置。

10）VAR（微调）：垂直灵敏度微调旋钮。微调灵敏度 ≥1/2.5 标称值。在校正（CAL）位置时，灵敏度校正为标称值。

（3） TRIGGER（触发）

1） SLOPE（触发极性）：触发极性选择按键。释放为"＋"，上升沿触发；按下为"－"，下降沿触发。

2） TRIG IN（外部信号输入）：外部触发信号输入端子。用于输入外部触发信号。当使用该功能时，"SOURCE"开关应设置在 EXT 位置。

3） LEVEL（触发电平）：触发电平调节旋钮。显示一个同步的稳定波形，并设定一个波形的起始点。向"＋"旋转，触发电平向上移；向"－"旋转，触发电平向下移。

4） SOURCE（触发源）：触发源选择开关。有4种方式。

● CH1：当垂直系统工作模式开关设定在"CH1"时，选择通道1作为内部触发信号源。

● CH2：当垂直系统工作模式开关设定在"CH2"时，选择通道2作为内部触发信号源。

● LINE：选择交流电源作为触发信号源。

● EXT：选择 TRIG IN 端子输入的外部信号作为触发信号源。

5） TRIGGER MODE（触发方式）：触发方式选择开关。有4种方式。

● AUTO（自动）：没有触发信号输入时，扫描处在自由模式下。

● NORM（常态）：没有触发信号输入时，踪迹处在待命状态并不显示。

● TV-V（电视场）：想要观察一场的电视信号时，选择此项。

● TV-H（电视行）：想要观察一行的电视信号时，选择此项。

6） TRIG ALT（交替选择）：当垂直系统工作模式开关设定在 DUAL 或 ADD，且触发源选择开关选 CH1 或 CH2 时，按下此键，示波器会交替选择 CH1 和 CH2 作为内部触发信号源。

（4） HORIZONTAL（水平）

1） TIME/DIV（水平扫描速度调节）：水平扫描速度调节旋钮。扫描速度从 0.2μs/div 到 0.5s/div，共20档。当设置到 X-Y 位置时，示波器可工作在 X-Y 方式。

2） SWP VAR（水平扫描微调）：水平扫描微调旋钮。微调水平扫描时间，使扫描时间被校正而与面板上"TIME/DIV"指示值一致。顺时针转到底为校正（CAL）位置。

3） ×10MAG（扩展10倍）：扫描扩展开关。按下时扫描速度扩展10倍。

4） POSITION（水平位移）：水平位置调节旋钮。调节波形在显示屏上的水平位置。

10.1.4 数字式示波器

数字式示波器是利用数据采集、A/D 转换、软件编程等一系列的技术制造出来的高性能示波器。数字示波器的工作方式是通过模-数转换器（ADC）把被测电压转换为数字信息。被测信号经通道输入后，首先衰减器会调整波形，然后垂直放大器会在波形传到模-数转换器（ADC）时做进一步的调整，ADC 对收到的信号进行采样和数字转换，随后将这个数据存入存储器中。触发器会寻找触发事件，而时基会调整示波器的时间显示。数据以数字形式表示，可使示波器执行各种波形测量。数字示波器捕获的是波形的一系列样值，并对样值进行存储，存储限度是判断累计的样值是否能描绘出波形为止，随后，数字式示波器重构波形。信号可以无限期地存放在存储器中，也可打印或通过闪存、LAN、USB 或 DVD-RW 传输到计算机中。其结构原理图如图 10-3 所示。

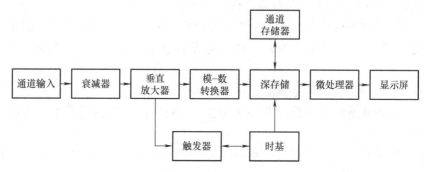

图 10-3　数字式示波器结构原理图

10.1.5　UTD2052CL 型数字式示波器面板介绍

数字式示波器种类很多，型号也多种多样，这里以 UTD2052CL 型数字式示波器为例来进行介绍。UTD2052CL 型数字式示波器面板结构如图 10-4 所示。UTD2052CL 是一款双通道、50MHz 带宽、最大采样率为 500MS/s 的经济型数字存储示波器，能满足基础测量的需求，面板设计简洁清晰，便于操作。

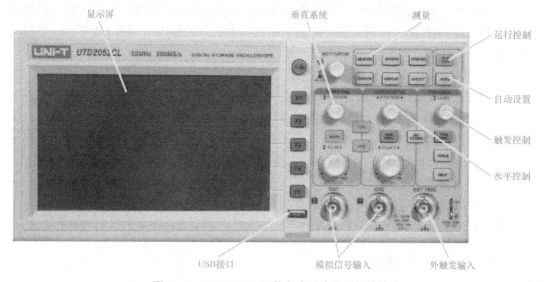

图 10-4　UTD2052CL 型数字式示波器面板结构

UTD2052CL 型数字式示波器面板上有很多按键，在实际使用当中，经常用的只有几个，这里重点把几个常用按键介绍一下。

（1）自动设置（AUTO）键

将被测信号连接到信号输入通道后，按下〈AUTO〉键，数字型示波器将自动设量垂直偏转系数、扫描时基以及触发方式。如果需要进一步仔细观察,在自动设置完成后可再进行调整,直至使波形显示达到需要的最佳效果。

（2）测量（MEASURE）键

按〈MEASURE〉键,首先进入参数测量显示菜单,该菜单有 5 个可同时显示测量值的区域,分别对应于功能键〈F1〉~〈F5〉。对于任一个区域需要选择测量种类时,可按相应的〈F〉键,以进入测量种类选择菜单。测量种类选择菜单分为电压类和时间类两种,可分别选择进入电压或时间类的测量参数,并按相应的〈F1〉~〈F5〉键选择测量种类后,退回到参数测量显示菜单。另外,还可按〈F5〉键选择"所有参数"显示电压类和时间类的全部测量参数;按〈F2〉键可选择要测量的通道（通道开启才有效）,若不希望改变当前的测量种类,可按〈F1〉键返回到参数测量显示菜单。

（3）运行控制（RUN/STOP）键

该键可以使波形采样在运行和停止间切换。在运行状态下该键绿灯亮,屏幕上部显示"Auto",数字型示波器连续采集波形;而在停止状态下该键红灯亮,屏幕上部显示"Stop",数字型示波器停止采集。

触发控制、水平控制、垂直系统、模拟信号输入、外触发输入模块与模拟型双踪示波器类似,这里不再赘述。

任务 10.2　示波器的操作

知识目标

1）掌握模拟示波器测量方法。
2）掌握模拟示波器的正确读数方法。
3）掌握数字示波器测量方法。
4）掌握数字示波器的正确读数方法。

素养目标

1）培养学生探究学习的能力。
2）培养学生电工操作的职业素养。
3）培养学生严谨的工匠精神。
4）培养学生团队沟通协作的能力。

知识课堂

10.2.1　模拟式示波器的使用

这里以 MOS – 620CH 型双踪示波器为例介绍模拟式示波器的使用。

测量前一般先设置 MOS – 620CH 型双踪示波器的开关和旋钮至准备状态,其位置如表 10-1 所示。

表 10-1　开关和旋钮准备位置参考表

名称	位置设置	名称	位置设置
电源开关	开启	触发源	CH1
辉度	相当于时钟"3"点位置	耦合选择	AC
垂直系统工作模式（MODE）	CH1	触发方式	AUTO
垂直位移	中间位置	水平扫描速度	0.5ms/Div
垂直灵敏度	10mV/Div	水平扫描微调	校准（顺时针旋到底）
垂直灵敏度微调	校准（顺时针旋到底）	水平位移	中间位置

1. 交流电压的测量

（1）测量原理

交流信号源的电压峰–峰值 U_{P-P} 测量原理，现以某正弦交流电压波形为例来进行说明，其波形显示如图 10-5 所示，被测交流信号电压可由式(10-1) 计算

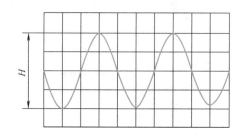

图 10-5　某正弦交流电压波形显示

$$U_{P-P} = H \times D_y \times K_y \tag{10-1}$$

式中，U_{P-P} 为被测交流电压峰–峰值；H 为被测交流电压波峰和波谷的高度跨度，D_y 为示波器的垂直灵敏度，K_y 为探头衰减系数。

（2）测量方法

1）确定垂直偏转灵敏度微调旋钮和水平扫描微调旋钮在校准位置。

2）接入待测信号。

3）将 Y 轴输入耦合开关置于"AC"位置，显示出输入波形的交流成分。如果交流信号的频率很低时，则应将 Y 轴输入耦合开关置于"DC"位置。

4）调节扫描速度旋钮使波形稳定显示。

5）调节垂直灵敏度旋钮，使波形在屏幕上显示为最佳状态。

6）在示波器显示屏上读出被测交流电压波峰和波谷的高度跨度 H。

7）按公式计算出被测交流电压的峰–峰值（U_{P-P}）。

2. 直流电压的测量

（1）测量原理

以某直流电压信号波形为例，来进行说明，其波形显示如图 10-6 所示。

被测直流信号电压 U 可由式(10-2) 计算

$$U = H \times D_y \times K_y \tag{10-2}$$

式中，U 为被测直流信号电压值；H 为被测直流电压和零电平线的高度跨度，D_y 为示波器的垂直灵敏度，K_y 为探头衰减系数。

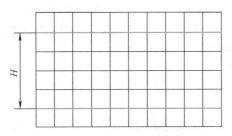

图 10-6　某直流电压波形显示

（2）测量步骤

1）确定垂直偏转灵敏度微调旋钮和水平扫描微调旋钮在校准位置。

2）将 Y 轴输入耦合开关置"⊥"位置，使屏幕上显示一水平扫描线，并将扫描线移至便于观测的位置，定为零电平线。

3）触发方式开关置"自动"位置。

4）接入待测信号。

5）将 Y 轴输入耦合开关置于"DC"位置，此时，扫描线 Y 轴方向产生跳变位移 H。

6）按公式计算出被测直流电压的电压数值 U。

3. 周期的测量

（1）测量原理

示波器的扫描信号与时间呈线性关系，因而可用屏幕上的水平刻度来测量波形的时间参数，如周期性信号的重复周期、两个信号的时间差等参数。现以某正弦波形为例介绍其周期的测量原理，该正弦波的波形图如图 10-7 所示。

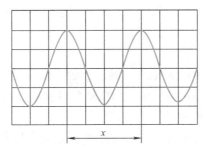

图 10-7　某正弦波波形图

被测交流信号的周期为

$$T = xD_x/K_x \tag{10-3}$$

式中，x 为被测交流信号的一个周期在荧光屏水平方向所占距离，D_x 为示波器的扫描速度；K_x 为 X 轴扩展倍率。

（2）测量步骤

1）确定垂直偏转灵敏度微调旋钮和水平扫描微调旋钮在校准位置。

2）将待测信号送至示波器的垂直输入端。

3）将示波器的输入耦合开关置于"AC"位置。

4）调节扫描速度开关，使波形显示为最佳观测状态，记录 D_x 的值。

5）读出被测交流信号的一个周期在荧光屏水平方向所占的距离 x。

6）根据公式计算被测交流信号的周期 T。

4. 交流信号频率的测量

（1）测量原理

周期的倒数即为频率，其公式为 $f = 1/T$。

（2）测量方法

对于任何周期信号，可按前述测量周期的方法测出其周期 T，再根据被测波形的频率为周期的倒数进行计算，得到信号的频率。

5. 电流的测量

（1）测量原理

用示波器观测电流信号时，需在被测电流回路中串接一个精度很高、阻值远小于原有回路的无感电阻 R。从 R 两端获取正比于被测电流的电压信号送入示波器的 Y 轴输入端，示波器屏幕上显示的波形即为被测电流的变化波形。测量该电压信号的峰-峰值，再换算成有效值，利用欧姆定律计算出被测回路的电流值。

（2）测量方法

其测量方法与前述测量交流电压峰-峰值的方法类似，这里不再赘述。

10.2.2 数字式示波器的使用

这里以 UTD2052CL 型数字式示波器为例介绍其使用。

UTD2052CL 型数字式示波器的使用操作非常简单，这里以某正弦交流信号的电压测量步骤为例来进行介绍。其他类型的信号也可按照这种步骤测量。

1）按下示波器的电源键，接通电源。

2）接入被测信号。

3）按下"运行控制"（RUN/STOP）键，开始连续采集波形。

4）按下"自动设置"（AUTO）键，示波器会自动调节垂直偏转系数、扫描时基以及触发方式，把被测波形在屏幕上以最佳状态显示。

5）按下"测量"（MEASURE）键，在示波器显示屏的右侧会显示被测信号峰-峰值电压、周期、频率等相关参数。

思考与练习10

一、判断题

1. 测量交流信号的周期时将示波器的输入耦合开关置于"AC"位置。　　　　（　　）

2. 测量出的信号周期与其频率之间呈倒数关系。　　　　（　　）

二、选择题

1. 模拟型示波器显示的输出电压锯齿波 Y 轴最大值为 + 27V，最小值为 – 3V，那么该波形电压的峰–峰值 U_{P-P}为（　　　）。

A. 20V　　　　　　B. 24V　　　　　　C. 27V　　　　　　D. 30V

2. 测量（　　　）时通用示波器的 Y 偏转因数的"微调"旋钮应置于"校准"位置。

A. 周期与频率　　B. 相位差　　　　C. 电压　　　　　D. 时间间隔

三、简答题

1. 简述示波器的示波原理。

2. 简述采用示波器测量直流电压的测量步骤。

3. 数字式示波器的使用方法。

参 考 文 献

[1] 贺令辉. 电工仪表与测量 [M]. 北京：中国电力出版社，2015.
[2] 黄璟. 电子测量与仪器 [M]. 北京：电子工业出版社，2020.
[3] 王蕾，顾艳华. 仪器仪表的使用与操作技巧 [M]. 北京：电子工业出版社，2020.
[4] 中华人民共和国国家质量监督检验检疫总局. 电力装置电测量仪表装置设计规范：GB/T 50063—2017 [S]. 北京：中国标准出版社，2017.
[5] 赵卫东. 电气测试基本技术 [M]. 北京：中国电力出版社，2009.
[6] 全国安全生产教育培训教材编审委员会. 低压电工作业 [M]. 徐州：中国矿业大学出版社，2015.
[7] 全国安全生产教育培训教材编审委员会. 高压电工作业 [M]. 徐州：中国矿业大学出版社，2018.
[8] 秦钟全. 低压电工上岗技能一本通 [M]. 北京：化学工业出版社，2012.
[9] 刘浩. 发电机定子绕组绝缘电阻测量的影响因素 [J]. 电力安全技术，2021，23(9)：62-64.
[10] 尚国庆，陈机林，侯远龙，等. 一种高精度电缆绝缘电阻测量电路 [J]. 自动化技术与应用，2020，39(5)：120-123，143.

高等职业教育系列教材

电工测试技术

实 训 任 务 单

姓　　名＿＿＿＿＿＿＿＿＿＿

专　　业＿＿＿＿＿＿＿＿＿＿

班　　级＿＿＿＿＿＿＿＿＿＿

任课教师＿＿＿＿＿＿＿＿＿＿

机 械 工 业 出 版 社

目　　录

实训任务单1 用电压表测量相电压/线电压与误差表示

院系		专业/班级	
姓名		学号	
小组成员		组长姓名	

一、接受实训任务/角色分工   成绩：

小组成员在接到实训任务后，先进行合理分工，明确各自职责。

操作人		监护人	
记录员			

二、实验准备   成绩：

1. 根据任务，选择实验设备、工具、耗材

实验设备、工具、耗材

序号	名称	数量	清点
1	SYYB－01 型仪器仪表实训台	1 台	□已清点
2	6L2－V 型指针式电压表	1 块	□已清点
3	HP184U－5X1 数字式交流电压表	1 块	□已清点
4	十字螺钉旋具	1 把	□已清点
5	导线	6 根	□已清点

2. 根据任务，制订测量计划

操作流程

序号	操作内容	操作要点
1	按照电路图完成接线	
2	经实训指导老师检查无误后，通电	
3	测量相电压和线电压，并记录电压表数据	
4	根据电压表读数，计算出绝对误差和相对误差	

1

（续）

三、计划实施	成绩：

1. 按照电路图 1 完成接线

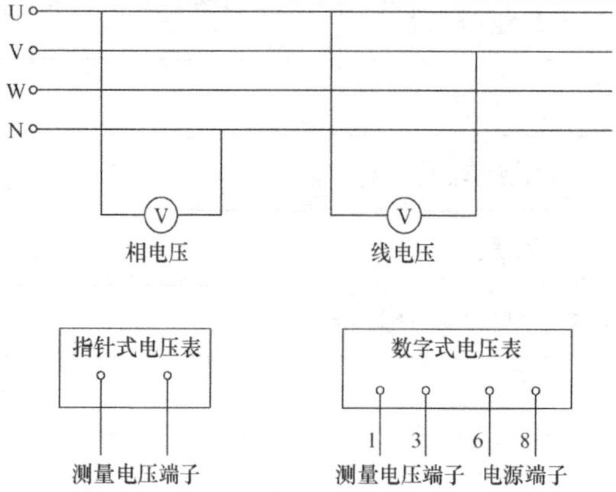

图 1

工具使用是否正确	□是		□否
接线位置是否正确	□是		□否
有无虚接	□是		□否

2. 经实训指导老师检查无误后，通电

3. 测量相电压和线电压，并记录电压表数据

仪表类型	相电压/V	线电压/V
指针式电压表（A_x）	U 相：	UV：
	V 相：	VW：
	W 相：	WU：
数字式电压表（A_0）	U 相：	UV：
	V 相：	VW：
	W 相：	WU：

注：A_x 表示仪表指示值，A_0 表示被测量的实际值。

4. 根据电压表读数，计算出绝对误差和相对误差

误差类型	相电压	线电压
绝对误差 Δ	U 相：	UV：
	V 相：	VW：
	W 相：	WU：
相对误差 γ	U 相：	UV：
	V 相：	VW：
	W 相：	WU：

（续）

	四、综合素养		成绩：

请实训指导教师检查本组作业结果，并针对实训过程中出现的问题提出改进措施及建议。

序号	评价标准	评价结果
1	实训台是否清洁到位	□是　　□否
2	是否做了防护	□是　　□否
3	现场 6S 管理是否完成	□是　　□否
4	实训记录表是否按时填写	□是　　□否

	五、评价反馈		成绩：

请根据自己在课堂中的实际表现，进行自我反思和自我评价。

自我反思：_____

自我评价：_____

自我总结：_____

实训成绩单			
项目	评分标准	分值	得分
接受实训任务/角色分工	清楚本小组实训任务、小组内的实训分工、实训完成时间节点	5	
实验准备	根据任务正确选择实验设备、工具、耗材	10	
	实训计划制订得有效、完整	10	
计划实施	分工是否合理	5	
	团队沟通协作效果	10	
	接线是否正确	20	
	测量数据是否正确	20	
综合素养	实训台是否清洁到位，是否做了防护；现场是否按 6S 要求整理；实训记录表是否按时填写	10	
评价反馈	能对自身表现情况进行客观评价	5	
	在任务实施过程中能发现自身问题	5	
得分（满分100）			

（续）

实训操作视频	
实训 1　电压表实训操作	

实训任务单2　用电压互感器配合电压表测量市电电压

院系		专业/班级	
姓名		学号	
小组成员		组长姓名	

一、接受实训任务/角色分工		成绩：	

小组成员在接到实训任务后，先进行合理分工，明确各自职责。

操作人		监护人	
记录员			

二、实验准备	成绩：

1. 根据任务，选择实验设备、工具、耗材

实验设备、工具、耗材

序号	名称	数量	清点
1	SYYB-01型仪器仪表实训台	1台	□已清点
2	JDG4-0.5型单相电压互感器	1台	□已清点
3	HP184U-5X1数字式交流电压表	1块	□已清点
4	十字螺钉旋具	1把	□已清点
5	导线	6根	□已清点

2. 根据任务，制订测量计划

操作流程

序号	操作内容	操作要点
1	按照电路图完成接线	
2	经实训指导老师检查无误后，通电	
3	测量并记录电压表数据	
4	根据电压表读数，计算出被测电压	

（续）

三、计划实施	成绩：

1. 按照电路图2完成接线

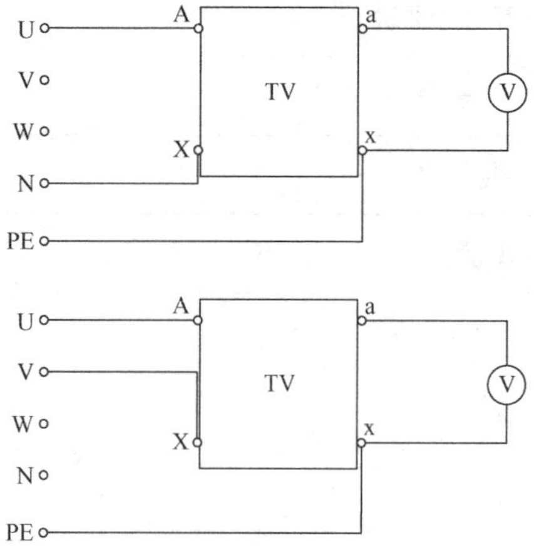

图2

工具使用是否正确	□是	□否
接线位置是否正确	□是	□否
有无虚接	□是	□否

2. 经实训指导老师检查无误后，通电

3. 测量并记录电压表数据

	电压表读数/V
U 相	
UV	

4. 根据电压表读数，计算出被测电压

电压表读数/V	互感器电压比 K_{UN}	被测电压/V
		U 相电压：
		UV 线电压：

四、综合素养	成绩：

请实训指导教师检查本组作业结果，并针对实训过程中出现的问题提出改进措施及建议。

序号	评价标准	评价结果	
1	实训台是否清洁到位	□是	□否
2	是否做了防护	□是	□否
3	现场 6S 管理是否完成	□是	□否
4	实训记录表是否按时填写	□是	□否

（续）

五、评价反馈	成绩：

请根据自己在课堂中的实际表现，进行自我反思和自我评价。

自我反思：＿＿＿＿＿＿＿＿＿＿＿＿＿＿＿＿＿＿＿＿＿＿＿＿

＿＿＿＿＿＿＿＿＿＿＿＿＿＿＿＿＿＿＿＿＿＿＿＿＿＿＿＿＿＿

自我评价：＿＿＿＿＿＿＿＿＿＿＿＿＿＿＿＿＿＿＿＿＿＿＿＿

＿＿＿＿＿＿＿＿＿＿＿＿＿＿＿＿＿＿＿＿＿＿＿＿＿＿＿＿＿＿

自我总结：＿＿＿＿＿＿＿＿＿＿＿＿＿＿＿＿＿＿＿＿＿＿＿＿

＿＿＿＿＿＿＿＿＿＿＿＿＿＿＿＿＿＿＿＿＿＿＿＿＿＿＿＿＿＿

实训成绩单

项目	评分标准	分值	得分
接受实训任务/角色分工	清楚本小组实训任务、小组内的实训分工、实训完成时间节点	5	
实验准备	根据任务正确选择实验设备、工具、耗材	10	
	实训计划制订得有效、完整	10	
计划实施	分工是否合理	5	
	团队沟通协作效果	10	
	接线是否正确	20	
	测量数据是否正确	20	
综合素养	实训台是否清洁到位，是否做了防护；现场是否按6S要求整理；实训记录表是否按时填写	10	
评价反馈	能对自身表现情况进行客观评价	5	
	在任务实施过程中能发现自身问题	5	
得分（满分100）			

实训操作视频

实训2　电压互感器实训操作	

实训任务单 3　用电流互感器配合电流表测量单相负载电流

院系		专业/班级	
姓名		学号	
小组成员		组长姓名	

一、接受实训任务/角色分工　　　　成绩：

小组成员在接到实训任务后，先进行合理分工，明确各自职责。

操作人		监护人	
记录员			

二、实验准备　　　　成绩：

1. 根据任务，选择实验设备、工具、耗材

实验设备、工具、耗材

序号	名称	数量	清点
1	SYYB-01 型仪器仪表实训台	1 台	□已清点
2	BH-0.66 型电流互感器	1 台	□已清点
3	YR1841-5K1 数字式交流电流表	1 块	□已清点
4	十字螺钉旋具	1 把	□已清点
5	导线	5 根	□已清点

2. 根据任务，制订测量计划

操作流程

序号	操作内容	操作要点
1	按照电路图完成接线	
2	经实训指导老师检查无误后，通电	
3	测量并记录电压表数据	
4	根据电压表读数，计算出被测电压	

（续）

三、计划实施	成绩：

1. 按照电路图 3 完成接线

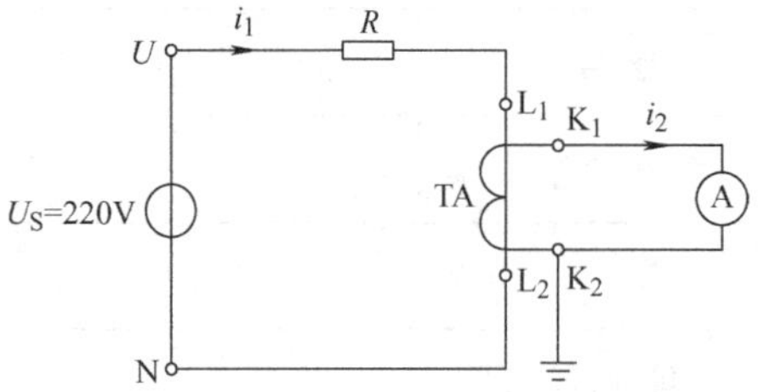

图 3

工具使用是否正确	□是	□否
接线位置是否正确	□是	□否
有无虚接	□是	□否

2. 经实训指导老师检查无误后，通电

3. 测量并记录电流表数据

	电流表读数/A
二次侧	

4. 根据电流表读数，计算出被测电流

电流表读数/A	互感器电流比 K_{IN}	被测电流/A

四、综合素养	成绩：

请实训指导教师检查本组作业结果，并针对实训过程中出现的问题提出改进措施及建议。

序号	评价标准	评价结果	
1	实训台是否清洁到位	□是	□否
2	是否做了防护	□是	□否
3	现场 6S 管理是否完成	□是	□否
4	实训记录表是否按时填写	□是	□否

（续）

五、评价反馈	成绩：

请根据自己在课堂中的实际表现，进行自我反思和自我评价。

自我反思：_____

_____

自我评价：_____

_____

自我总结：_____

_____

实训成绩单

项目	评分标准	分值	得分
接受实训任务/角色分工	清楚本小组实训任务、小组内的实训分工、实训完成时间节点	5	
实验准备	根据任务正确选择实验设备、工具、耗材	10	
	实训计划制订得有效、完整	10	
计划实施	分工是否合理	5	
	团队沟通协作效果	10	
	接线是否正确	20	
	测量数据是否正确	20	
综合素养	实训台是否清洁到位，是否做了防护；现场是否按6S要求整理；实训记录表是否按时填写	10	
评价反馈	能对自身表现情况进行客观评价	5	
	在任务实施过程中能发现自身问题	5	
得分（满分100）			

实训操作视频

实训3 电流互感器实训操作	

实训任务单 4　用功率表和功率因数表测量三相负载功率及功率因数

院系		专业/班级	
姓名		学号	
小组成员		组长姓名	

一、接受实训任务/角色分工　　成绩：

小组成员在接到实训任务后，先进行合理分工，明确各自职责。

操作人		监护人	
记录员			

二、实验准备　　成绩：

1. 根据任务，选择实验设备、工具、耗材

实验设备、工具、耗材

序号	名称	数量	清点
1	SYYB－01 型仪器仪表实训台	1 台	□已清点
2	XT194P－5K1 型数字式三相有功功率表	1 块	□已清点
3	6L2－cosφ 型指针式功率因数表	1 块	□已清点
4	XT194H－5K1 型数字式功率因数表	1 块	□已清点
5	十字螺钉旋具	1 把	□已清点
6	导线	15 根	□已清点

2. 根据任务，制订测量计划

操作流程

序号	操作内容	操作要点
1	按照电路图完成接线	
2	经实训指导老师检查无误后，通电	
3	测量并记录功率及功率因数数据	
4	根据功率因数数据，推断负载性质	
5	根据有功功率数据，计算三相电路视在功率	

（续）

三、计划实施	成绩：		
1. 按照电路图 4 完成接线			

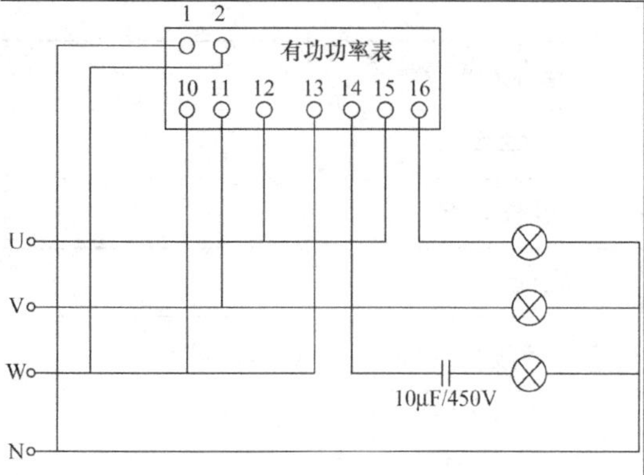

a)

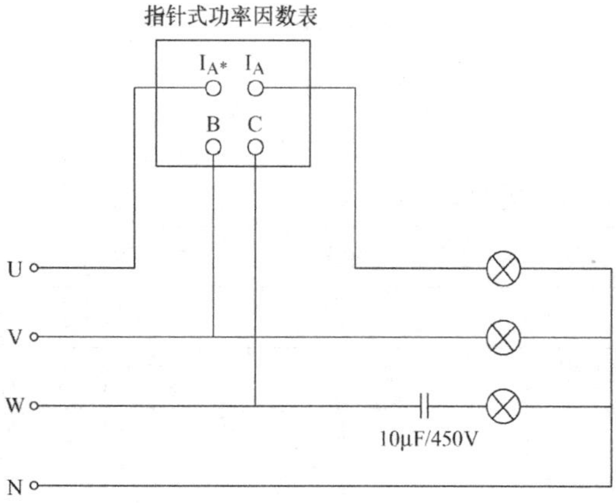

b)

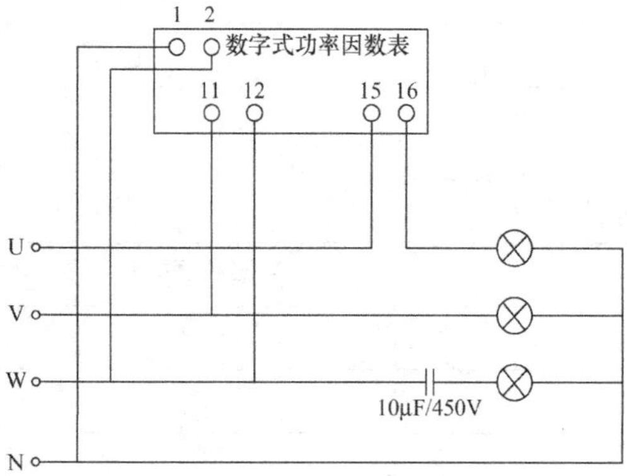

c)

图 4

a) 三相有功功率表测量接线　b) 指针式功率因数表测量接线　c) 数字式功率因数表测量接线

工具使用是否正确	□是	□否
接线位置是否正确	□是	□否
有无虚接	□是	□否

14

（续）

2. 经实训指导老师检查无误后，通电

3. 记录三相负载功率及功率因数数据

三相负载有功功率表读数/W	指针式功率因数表读数	数字式功率因数表读数

4. 根据三相负载功率因数数据，推断负载性质

功率因数表读数		三相负载偏容性		三相负载偏感性	
指针式		□是	□否	□是	□否
数字式		□是	□否	□是	□否

5. 根据三相负载有功功率数据，计算三相电路视在功率

有功功率表读数	三相电路视在功率

四、综合素养	成绩：

请实训指导教师检查本组作业结果，并针对实训过程中出现的问题提出改进措施及建议。

序号	评价标准	评价结果	
1	实训台是否清洁到位	□是	□否
2	是否做了防护	□是	□否
3	现场6S管理是否完成	□是	□否
4	实训记录表是否按时填写	□是	□否

五、评价反馈	成绩：

请根据自己在课堂中的实际表现，进行自我反思和自我评价。

自我反思：_____

_____

自我评价：_____

_____

自我总结：_____

_____

（续）

实训成绩单			
项目	**评分标准**	**分值**	**得分**
接受实训任务/角色分工	清楚本小组实训任务、小组内的实训分工、实训完成时间节点	5	
实验准备	根据任务正确选择实验设备、工具、耗材	10	
	实训计划制订得有效、完整	10	
计划实施	分工是否合理	5	
	团队沟通协作效果	10	
	接线是否正确	20	
	测量数据是否正确	20	
综合素养	实训台是否清洁到位，是否做了防护；现场是否按6S要求整理；实训记录表是否按时填写	10	
评价反馈	能对自身表现情况进行客观评价	5	
	在任务实施过程中能发现自身问题	5	
得分（满分100）			

实训操作视频	
实训4-1 功率表实训操作	
实训4-2 功率因数表实训操作	

实训任务单 5　用万用表测量三相负载电流/电压参数及常见电子元器件参数

院系		专业/班级	
姓名		学号	
小组成员		组长姓名	

一、接受实训任务/角色分工　　　　成绩：

小组成员在接到实训任务后，先进行合理分工，明确各自职责。

操作人		监护人	
记录员			

二、实验准备　　　　成绩：

1. 根据任务，选择实验设备、工具、耗材

实验设备、工具、耗材

序号	名称	数量	清点
1	SYYB－01 型仪器仪表实训台	1 台	□已清点
2	VICTOR VC890D 型数字式万用表	1 块	□已清点
3	三相灯组负载（含 3 个 15W 白炽灯、1 个 10μF/450V 电容）	1 套	□已清点
4	电子元器件（含色环电阻、二极管、晶体管）	1 套	□已清点
5	导线	6 根	□已清点
6	1.5V 干电池	1 块	□已清点

2. 根据任务，制订测量计划

操作流程

序号	操作内容	操作要点
1	按照电路图完成三相灯组负载接线	
2	经实训指导老师检查无误后，通电	
3	用万用表测量并记录干电池及三相负载电压、电流数据	
4	用万用表测量并判定元器件盒中各类元器件参数及性能	

（续）

三、计划实施	成绩：

1. 按照电路图 5 完成三相灯组负载接线

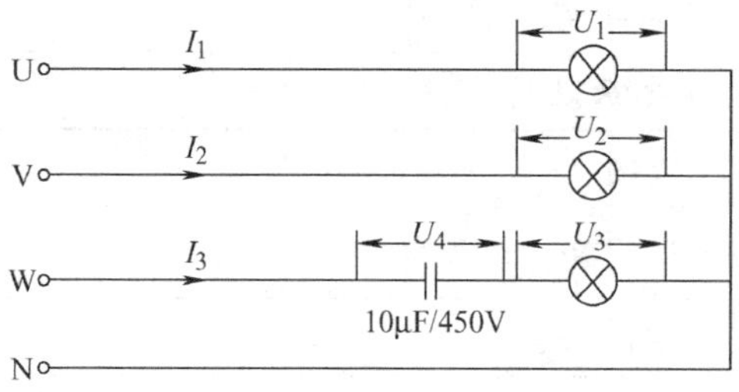

图 5

工具使用是否正确	□是	□否
接线位置是否正确	□是	□否
有无虚接	□是	□否

2. 经实训指导老师检查无误后，通电

3. 用万用表测量并记录干电池及三相负载电压、电流数据

被测对象	U_1	U_2	U_3	U_4	干电池电压
测量值/V					

被测对象	I_1	I_2	I_3
测量值/A			

4. 用万用表测量并判定元器件盒中各类元器件参数及性能

色环电阻	R_1	R_2	R_3	R_4
测量值/Ω				

二极管正向导通电压 = _____ V；判定二极管性能：□良好 □已损坏；
晶体管型号：_____；判定管型为：_____；判定晶体管性能：□良好 □已损坏。

（续）

四、综合素养		成绩：	

请实训指导教师检查本组作业结果，并针对实训过程中出现的问题提出改进措施及建议。

序号	评价标准	评价结果	
1	实训台是否清洁到位	□是	□否
2	是否做了防护	□是	□否
3	现场 6S 管理是否完成	□是	□否
4	实训记录表是否按时填写	□是	□否

五、评价反馈	成绩：

请根据自己在课堂中的实际表现，进行自我反思和自我评价。

自我反思：_____

_____

自我评价：_____

_____

自我总结：_____

_____

实训成绩单			
项目	**评分标准**	**分值**	**得分**
接受实训任务/角色分工	清楚本小组实训任务、小组内的实训分工、实训完成时间节点	5	
实验准备	根据任务正确选择实验设备、工具、耗材	10	
	实训计划制订得有效、完整	10	
计划实施	分工是否合理	5	
	团队沟通协作效果	10	
	接线是否正确	20	
	测量数据是否正确	20	
综合素养	实训台是否清洁到位，是否做了防护；现场是否按 6S 要求整理；实训记录表是否按时填写	10	
评价反馈	能对自身表现情况进行客观评价	5	
	在任务实施过程中能发现自身问题	5	
得分（满分100）			

（续）

实训操作视频	
实训5　万用表实训操作	

实训任务单6 用钳形电流表测量三相负载电流/电压参数及频率

院系		专业/班级	
姓名		学号	
小组成员		组长姓名	

一、接受实训任务/角色分工		成绩:	

小组成员在接到实训任务后，先进行合理分工，明确各自职责。

操作人		监护人	
记录员			

二、实验准备	成绩:

1. 根据任务，选择实验设备、工具、耗材

实验设备、工具、耗材

序号	名称	数量	清点
1	SYYB – 01 型仪器仪表实训台	1 台	□已清点
2	UNI – T UT200A 型钳形电流表	1 块	□已清点
3	三相灯组负载（含3个15W白炽灯、1个10μF/450V电容）	1 套	□已清点
4	6L2 – Hz 型指针式频率表	1 块	□已清点
5	HX194F – 1X1 型数字式频率表	1 块	□已清点
6	JW6314 型三相异步电动机	1 台	□已清点
7	十字螺钉旋具	1 把	□已清点
8	导线	12 根	□已清点

2. 根据任务，制订测量计划

操作流程

序号	操作内容	操作要点
1	按照电路图完成三相灯组负载、电动机接线及频率表接线	
2	经实训指导老师检查无误后，通电	
3	用钳形表测量并记录三相灯组负载电压、电流数据及电动机各相电流数据	
4	用指针式和数字式频率表分别测量并记录电网频率	

(续)

三、计划实施	成绩：	
1. 按照电路图6完成三相灯组负载、电动机接线及频率表接线		

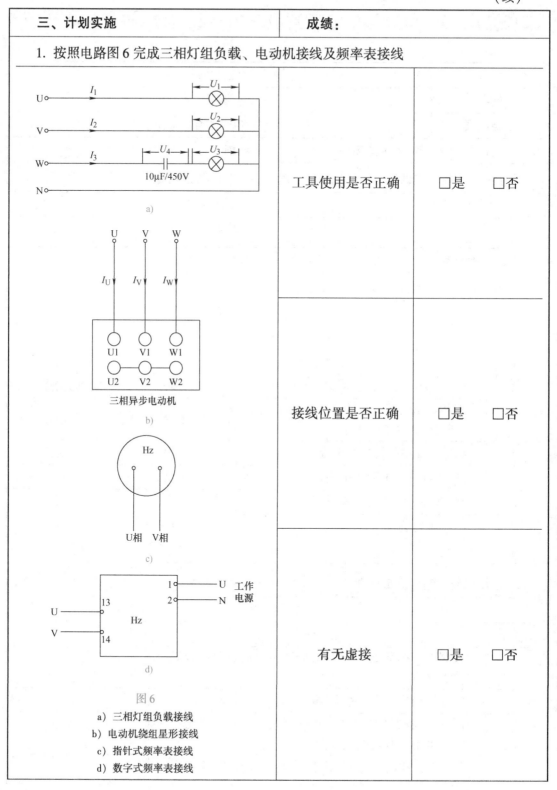

图 6

a) 三相灯组负载接线
b) 电动机绕组星形接线
c) 指针式频率表接线
d) 数字式频率表接线

工具使用是否正确	□是	□否
接线位置是否正确	□是	□否
有无虚接	□是	□否

（续）

2. 经实训指导老师检查无误后，通电

3. 用钳形表测量并记录三相灯组负载电压、电流数据及电动机各相电流数据

被测对象	U_1/V	U_2/V	U_3/V	U_4/V	I_1/A	I_2/A	I_3/A
三相负载							

被测对象	I_U		I_V		I_W	
三相异步电动机						

4. 用指针式和数字式频率表分别测量并记录电网频率

仪表类型	电网频率数值/Hz
指针式频率表	
数字式频率表	

四、综合素养	成绩：

请实训指导教师检查本组作业结果，并针对实训过程中出现的问题提出改进措施及建议。

序号	评价标准	评价结果
1	实训台是否清洁到位	□是　　□否
2	是否做了防护	□是　　□否
3	现场6S管理是否完成	□是　　□否
4	实训记录表是否按时填写	□是　　□否

五、评价反馈	成绩：

请根据自己在课堂中的实际表现，进行自我反思和自我评价。

自我反思：＿＿＿＿＿＿＿＿＿＿＿＿＿＿＿＿＿＿＿

自我评价：＿＿＿＿＿＿＿＿＿＿＿＿＿＿＿＿＿＿＿

自我总结：＿＿＿＿＿＿＿＿＿＿＿＿＿＿＿＿＿＿＿

（续）

实训成绩单			
项目	评分标准	分值	得分
接受实训任务/角色分工	清楚本小组实训任务、小组内的实训分工、实训完成时间节点	5	
实验准备	根据任务正确选择实验设备、工具、耗材	10	
	实训计划制订得有效、完整	10	
计划实施	分工是否合理	5	
	团队沟通协作效果	10	
	接线是否正确	20	
	测量数据是否正确	20	
综合素养	实训台是否清洁到位，是否做了防护；现场是否按6S要求整理；实训记录表是否按时填写	10	
评价反馈	能对自身表现情况进行客观评价	5	
	在任务实施过程中能发现自身问题	5	
得分（满分100）			

实训操作视频	
实训6-1　钳形电流表实训操作	
实训6-2　频率表实训操作	

实训任务单7　用绝缘电阻表测量电动机绝缘参数

院系		专业/班级	
姓名		学号	
小组成员		组长姓名	

一、接受实训任务/角色分工		成绩：	
小组成员在接到实训任务后，先进行合理分工，明确各自职责。			
操作人		监护人	
记录员			

二、实验准备　　　　　　　　　　成绩：

1. 根据任务，选择实验设备、工具、耗材

实验设备、工具、耗材

序号	名称	数量	清点
1	SYYB-01型仪器仪表实训台	1台	□已清点
2	ZC25-3B型绝缘电阻表（500V）	1块	□已清点
3	JW6314型三相异步电动机	1台	□已清点
4	电动机专用连接导线	2根	□已清点
5	绝缘电阻表配套测试线	2根	□已清点

2. 根据任务，制订测量计划

操作流程

序号	操作内容	操作要点
1	按照电路图完成接线	
2	经实训指导老师检查无误后，通电	
3	测量并记录电动机相间及某相对地绝缘参数	
4	根据电动机绝缘参数，判定电动机绝缘性能	

（续）

三、计划实施	成绩：

1. 按照电路图 7 完成接线

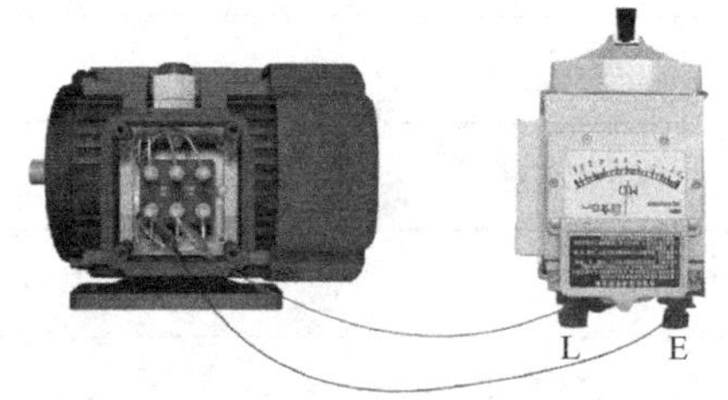

工具使用是否正确	□是	□否
接线位置是否正确	□是	□否
有无虚接	□是	□否

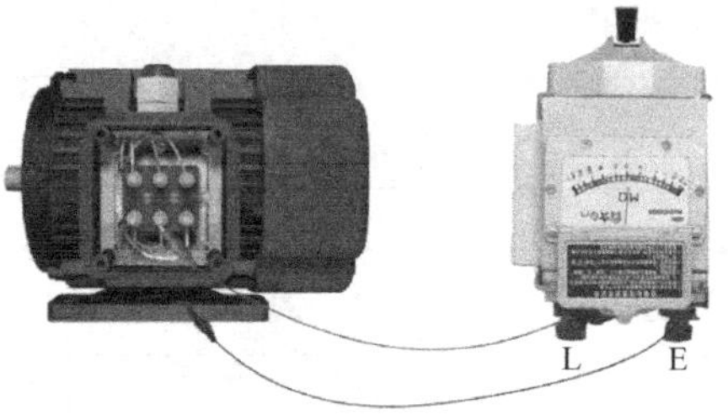

图 7

a）绝缘电阻表测量电动机相间绝缘电阻的接线示意图
b）绝缘电阻表测量电动机某相与外壳绝缘电阻的接线示意图

2. 经实训指导老师检查无误后，通电

3. 测量并记录电动机相间及某相对地绝缘参数

测试项目	测试数据
U－V 绝缘电阻	
V－W 绝缘电阻	
W－U 绝缘电阻	
U－外壳绝缘电阻	
V－外壳绝缘电阻	
W－外壳绝缘电阻	

（续）

4. 根据电动机绝缘参数，判定电动机绝缘性能

测试项目	测试数据	合格值/MΩ	判断
U－V		≥0.5	□合格　□不合格
V－W		≥0.5	□合格　□不合格
W－U		≥0.5	□合格　□不合格
U－外壳		≥0.5	□合格　□不合格
V－外壳		≥0.5	□合格　□不合格
W－外壳		≥0.5	□合格　□不合格
电动机是否可用	□可用　　□不可用		

四、综合素养	成绩：

请实训指导教师检查本组作业结果，并针对实训过程中出现的问题提出改进措施及建议。

序号	评价标准	评价结果
1	实训台是否清洁到位	□是　　□否
2	是否做了防护	□是　　□否
3	现场 6S 管理是否完成	□是　　□否
4	实训记录表是否按时填写	□是　　□否

五、评价反馈	成绩：

请根据自己在课堂中的实际表现，进行自我反思和自我评价。

自我反思：_____

_____

自我评价：_____

_____

自我总结：_____

_____

（续）

实训成绩单			
项目	评分标准	分值	得分
接受实训任务/角色分工	清楚本小组实训任务、小组内的实训分工、实训完成时间节点	5	
实验准备	根据任务正确选择实验设备、工具、耗材	10	
	实训计划制订得有效、完整	10	
计划实施	分工是否合理	5	
	团队沟通协作效果	10	
	接线是否正确	20	
	测量数据是否正确	20	
综合素养	实训台是否清洁到位，是否做了防护；现场是否按 6S 要求整理；实训记录表是否按时填写	10	
评价反馈	能对自身表现情况进行客观评价	5	
	在任务实施过程中能发现自身问题	5	
得分（满分 100）			

实训操作视频	
实训 7　绝缘电阻表实训操作	

实训任务单 8　用接地电阻测量仪测量高压输电杆接地电阻

院系		专业/班级	
姓名		学号	
小组成员		组长姓名	

一、接受实训任务/角色分工		成绩：	
小组成员在接到实训任务后，先进行合理分工，明确各自职责。			
操作人		监护人	
记录员			

二、实验准备　　　　成绩：

1. 根据任务，选择实验设备、工具、耗材

实验设备、工具、耗材

序号	名称	数量	清点
1	ZC-8型接地电阻测量仪（四端子）	1套	□已清点
2	配套接地探针	2个	□已清点
3	配套连接导线	3根	□已清点
4	平锉	1把	□已清点

2. 根据任务，制订测量计划

操作流程

序号	操作内容	操作要点
1	按照电路图完成接线	
2	经实训指导老师检查无误后，开始摇测	
3	测量并记录被测高压杆接地电阻数据	
4	根据接地电阻参数，判定接地性能是否符合要求	

（续）

三、计划实施	成绩：

1. 按照电路图 8 完成接线

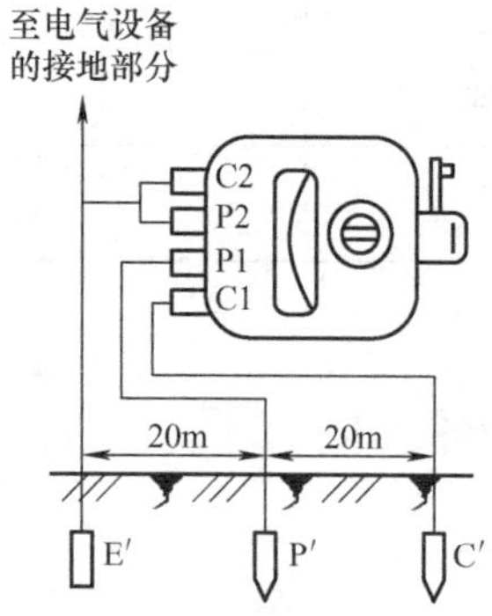

图 8

工具使用是否正确	□是	□否
接线位置是否正确	□是	□否
有无虚接	□是	□否

2. 经实训指导老师检查无误后，开始摇测

3. 测量并记录被测高压杆接地电阻数据

被测对象	倍率	标度盘读数/Ω	测量值/Ω

4. 根据电动机绝缘参数，判定电动机绝缘性能

测试项目	测量值/Ω	合格值/Ω	判断
某高压杆接地电阻		≤10	□合格 □不合格

四、综合素养	成绩：

请实训指导教师检查本组作业结果，并针对实训过程中出现的问题提出改进措施及建议。

序号	评价标准	评价结果
1	实训台是否清洁到位	□是 □否
2	是否做了防护	□是 □否
3	现场是否按 6S 要求整理	□是 □否
4	实训记录表是否按时填写	□是 □否

（续）

五、评价反馈	成绩：

请根据自己在课堂中的实际表现，进行自我反思和自我评价。

自我反思：_____

_____

自我评价：_____

_____

自我总结：_____

_____

实训成绩单

项目	评分标准	分值	得分
接受实训任务/角色分工	清楚本小组实训任务、小组内的实训分工、实训完成时间节点	5	
实验准备	根据任务正确选择实验设备、工具、耗材	10	
	实训计划制订得有效、完整	10	
计划实施	分工是否合理	5	
	团队沟通协作效果	10	
	接线是否正确	20	
	测量数据是否正确	20	
综合素养	实训台是否清洁到位，是否做了防护；现场是否按6S要求整理；实训记录表是否按时填写	10	
评价反馈	能对自身表现情况进行客观评价	5	
	在任务实施过程中能发现自身问题	5	
得分（满分100）			

实训操作视频

实训8　接地电阻测量仪实训操作	

实训任务单 9　用直流电桥测量电动机绕组及电线电阻

院系		专业/班级	
姓名		学号	
小组成员		组长姓名	

一、接受实训任务/角色分工		成绩：	
小组成员在接到实训任务后，先进行合理分工，明确各自职责。			
操作人		监护人	
记录员			

二、实验准备	成绩：

1. 根据任务，选择实验设备、工具、耗材

实验设备、工具、耗材

序号	名称	数量	清点
1	QJ23a 型单臂电桥	1 台	□已清点
2	QJ42 型双臂电桥	1 台	□已清点
3	JW6314 型三相异步电动机	1 台	□已清点
4	电桥连接导线	4 根	□已清点
5	被测电线	1 根	□已清点

2. 根据任务，制订测量计划

操作流程

序号	操作内容	操作要点
1	按照电路图完成接线	
2	经实训指导老师检查无误后，开始测量	
3	用单臂电桥测量电动机绕组电阻并记录数据	
4	用双臂电桥测量电线电阻并记录数据	
5	根据电动机及电线电阻参数，判定是否出现断路情况	

（续）

三、计划实施	成绩：

1. 按照电路图 9 完成接线

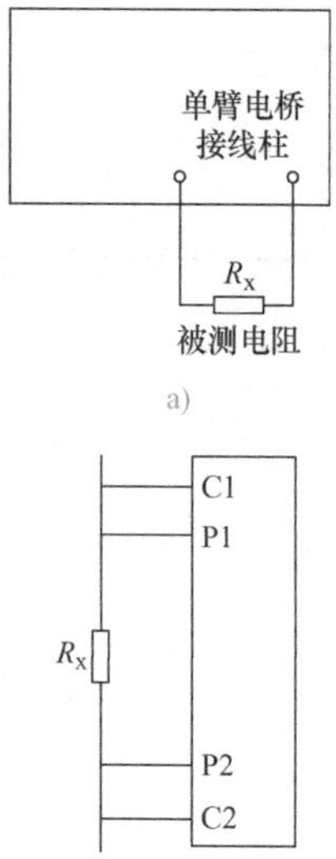

图 9
a）单臂电桥接线
b）双臂电桥接线

工具使用是否正确	□是	□否
接线位置是否正确	□是	□否
有无虚接	□是	□否

2. 经实训指导老师检查无误后，开始测量

3. 用单臂电桥测量电动机绕组电阻并记录数据

被测对象	倍率	比较臂读数/Ω	测量值/Ω
电动机 U 相绕组电阻			
电动机 V 相绕组电阻			
电动机 W 相绕组电阻			

4. 用双臂电桥测量电线电阻并记录数据

被测对象	倍率	测量盘读数/Ω	测量值/Ω
某电线电阻			

（续）

5. 根据电动机及电线电阻参数，判定是否出现断路情况

被测对象	测量值/Ω	判断
电动机 U 相绕组电阻		□正常 □断路
电动机 V 相绕组电阻		□正常 □断路
电动机 W 相绕组电阻		□正常 □断路
某电线电阻		□正常 □断路

四、综合素养	成绩：

请实训指导教师检查本组作业结果，并针对实训过程中出现的问题提出改进措施及建议。

序号	评价标准	评价结果	
1	实训台是否清洁到位	□是	□否
2	是否做了防护	□是	□否
3	现场 6S 管理是否完成	□是	□否
4	实训记录表是否按时填写	□是	□否

五、评价反馈	成绩：

请根据自己在课堂中的实际表现，进行自我反思和自我评价。

自我反思：＿＿＿＿＿＿＿＿＿＿＿＿＿＿＿＿＿＿＿＿＿＿＿＿＿＿＿＿＿＿＿＿＿

自我评价：＿＿＿＿＿＿＿＿＿＿＿＿＿＿＿＿＿＿＿＿＿＿＿＿＿＿＿＿＿＿＿＿＿

自我总结：＿＿＿＿＿＿＿＿＿＿＿＿＿＿＿＿＿＿＿＿＿＿＿＿＿＿＿＿＿＿＿＿＿

（续）

实训成绩单			
项目	评分标准	分值	得分
接受实训任务/角色分工	清楚本小组实训任务、小组内的实训分工、实训完成时间节点	5	
实验准备	根据任务正确选择实验设备、工具、耗材	10	
	实训计划制订得有效、完整	10	
计划实施	分工是否合理	5	
	团队沟通协作效果	10	
	接线是否正确	20	
	测量数据是否正确	20	
综合素养	实训台是否清洁到位，是否做了防护；现场是否按6S要求整理；实训记录表是否按时填写	10	
评价反馈	能对自身表现情况进行客观评价	5	
	在任务实施过程中能发现自身问题	5	
得分（满分100）			

实训操作视频	
实训9 直流电桥实训操作	

实训任务单 10　用双踪示波器测量交流信号参数

院系		专业/班级	
姓名		学号	
小组成员		组长姓名	

一、接受实训任务/角色分工		成绩:	
小组成员在接到实训任务后，先进行合理分工，明确各自职责。			
操作人		监护人	
记录员			

二、实验准备	成绩:

1. 根据任务，选择实验设备、工具、耗材

实验设备、工具、耗材

序号	名称	数量	清点
1	SYYB－01 型仪器仪表实训台	1 台	□已清点
2	MOS－620CH 型双踪示波器	1 台	□已清点
3	示波器配套探笔	2 根	□已清点
4	UTG9002C 信号发生器	1 台	□已清点
5	信号发生器配套输出线	1 根	□已清点

2. 根据任务，制订测量计划

操作流程

序号	操作内容	操作要点
1	调节示波器各旋钮为初始位置	
2	把信号发生器输出端接到示波器输入端	

（续）

操作流程		
序号	操作内容	操作要点
3	经实训指导老师检查无误后，开始测量	
4	测量并记录计算交流信号峰-峰值电压参数	
5	测量并记录计算交流信号周期参数	
6	根据周期计算交流信号频率参数	

三、计划实施	成绩：

1. 按照下表调节示波器各旋钮为初始位置

开关名称	位置设置	开关名称	位置设置			
电源开关	开启	触发源	CH1	是否预热	□是	□否
辉度	相当于时钟"3"点位置	耦合选择	AC			
Y轴工作方式	CH1	触发方式	AUTO	探笔位置是否正确	□是	□否
垂直位移	中间位置	水平扫描速度	0.5ms/Div			
垂直灵敏度	10mV/Div	水平扫描微调	校准（顺时针旋到底）			
垂直灵敏度微调	校准（顺时针旋到底）	水平位移	中间位置	有无虚接	□是	□否

2. 把信号发生器输出端接到示波器输入端

3. 经实训指导老师检查无误后，开始测量

（续）

4. 测量并记录计算交流信号峰–峰值电压参数

信号类型	H（波峰、波谷垂直跨度）	D_y（垂直灵敏度）	K_y（探头衰减系数）	U_{P-P}（峰–峰值电压）
正弦波				
锯齿波				
方波				

5. 测量并记录计算交流信号周期参数

信号类型	x（一个完整波形水平跨度）	D_x（扫描速度）	K_x（X轴扩展倍率）	T（周期）
正弦波				
锯齿波				
方波				

6. 根据周期计算交流信号频率参数

信号类型	T（周期）	f（频率）
正弦波		
锯齿波		
方波		

四、综合素养	成绩：

请实训指导教师检查本组作业结果，并针对实训过程中出现的问题提出改进措施及建议。

序号	评价标准	评价结果	
1	实训台是否清洁到位	□是	□否
2	是否做了防护	□是	□否
3	现场 6S 管理是否完成	□是	□否
4	实训记录表是否按时填写	□是	□否

（续）

五、评价反馈	成绩：

请根据自己在课堂中的实际表现，进行自我反思和自我评价。

自我反思： _____

_____

自我评价： _____

_____

自我总结： _____

_____

实训成绩单

项目	评分标准	分值	得分
接受实训任务/角色分工	清楚本小组实训任务、小组内的实训分工、实训完成时间节点	5	
实验准备	根据任务正确选择实验设备、工具、耗材	10	
	实训计划制订得有效、完整	10	
计划实施	分工是否合理	5	
	团队沟通协作效果	10	
	接线是否正确	20	
	测量数据是否正确	20	
综合素养	实训台是否清洁到位，是否做了防护；现场是否按 6S 要求整理；实训记录表是否按时填写	10	
评价反馈	能对自身表现情况进行客观评价	5	
	在任务实施过程中能发现自身问题	5	
得分（满分 100）			

（续）

实训操作视频

实训10　示波器实训操作